JN006381

海洋建築シリーズ

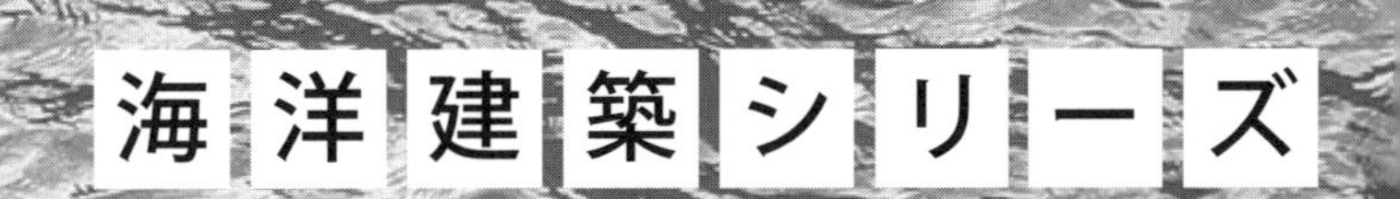

海洋建築研究会　編著

成山堂書店

はじめに

2006年に発刊された「海と海洋建築」は、海洋建築の入門書として海洋建築を志す学生諸君はもとより多くの一般の方々に購読され高評価を得てきました。しかし初版から15年余りが経過し、海洋建築を取り巻く状況は当時と大きく変化しています。たとえば、海外では水辺の建築を専門にしている建築家が登場し、多くの浮体式建築物が建設されています。このような変化に鑑み、「海と海洋建築」のコンセプトを継承しつつ、読者がこれからの海洋建築の在り様を考究する際の道標となるように、改訂版として「海洋建築序説」を出版しました。

本書は、海洋建築の全体像を大きく５つに分けて解説しています。はじめに「海と建築のかかわり」を第１章と第２章で述べ、「海の環境」を第３章から第５章で解説しています。つづいて「海洋建築の定義や特徴」を第６章から第９章で示し、「海洋建築を支える技術」を第10章と第11章で解説しています。最後に「海洋建築の歴史とレガシー」を第12章と第13章で述べています。この構成は、読者が海洋建築の本質を理解しやすいということに主眼をおいて決めました。

この全体の流れに沿って各章は執筆されていますが、執筆担当者の思いがその内容に強く反映されているので、各章の独立性が高くなっていることも本書の特徴です。このことから、読み進める順序は読者の興味次第とも言えます。最初に海洋建築の歴史とレガシーから読むのも良いでしょうし、海の環境を知ってから海と建築のかかわりを読むのも良いでしょう。本書が海洋建築工学を学修する学生諸君や、海の建築を志す建築技術者の方々の入門書として役立つことを期待しています。

最後に、本書の出版に粘り強いご支援をいただいた成山堂書店に感謝します。

2022年６月

海洋建築研究会

目　次

第4章　海の特性と環境圧

第5章　海からの脅威

第6章　海洋空間利用の状況

第7章　海洋建築の定義と特徴

第8章　海洋建築の利用

第9章　海の建築の立地特性

第10章　海の影響を緩和する建築的手法

第11章　海洋建築と技術

第12章　海洋建築物の歴史

第13章　海の建築のレガシー

第1章
海と建築
The Sea & Architectures

畔柳 昭雄

はじめに

日本の国土は主に４つの島から構成された島嶼国である。国土は山岳地が多く人々が生活できる可住地はわずか30％程しかない。一方、四面環海な地理的条件により海との係わりは必然的に高く、流れ込む海流により豊かな漁場が形成されることで水産業は盛んになり全国各地の津々浦々に漁村漁港が形成されてきた。また、海流は漁場の形成を図るばかりではなく、異国の文化も運び込み、沖縄や奄美諸島などには太平洋諸国と類似性の見られる建築様式を見ることができる。本章では、「海と日本人の係わり」として「海がもたらす文化」、「海と生活」を取り上げ、次いで「海と建築の係わり」として「海がもたらす建築」と「海と建築の関係性」「海と船と建築」について解説する。

1.1　海と日本人の係わり

（1）海がもたらす文化

日本列島は、北半球の温帯湿潤気候や冷帯湿潤気候に属しており四季や気温の年較差が大きい。地形は南北に細長く山岳が多いため、可住地は海沿いの開けた平野や山に囲まれた盆地など限られた平坦な場所に形成され30％程度である。国土は北海道、本州、四国、九州の４つの大きな島と6,847（有人島418）の島嶼から構成された四面環海の島国である。海には南から暖流の黒潮が流れ込み、北からは寒流の親潮が流れ込み、南北双方からの海流が日本列島を取り囲むように流れ込んでいるため、周辺海域には水産資源の豊かな漁場が形成されている。特に暖流は赤道付近から北上し、フィリピン諸島を経て台湾の東側から先島諸島、琉球諸島、沖縄諸島、南西諸島、薩摩諸島をさらに北上し、主流は九州の東部、四国、紀伊半島の沖合から伊豆諸島を通過し、関東地方の東側海岸から東北地方沖合に向いて流れている。一方の分流は九州の西部から壱岐対馬の島嶼間を通過し、山陰・北陸に向かって北に向かって流れている。この黒潮は水産資源に限らず古来、近隣諸国や遠方の諸国から様々な植物や動物、多様なモノやコト（文化）などを日本の海岸線に運び込む海の大動脈の役割を果たしてきた。海流が様々なものを運び込むことは既に周知の事実として認識されているが、それを実証するために原木から丸木舟や葦から草束船を原始的な造船技術により建造して海流に乗っての実験航海が試みられてきた。こうして海流が運び込む漂着物を寄物（よりもの）と呼ぶが、柳田国男が明治中期に三河（愛知県）の伊良湖岬で椰子の実の流れ着くのを見つけたことをきっかけに、島崎藤村が「遠き島より流れ着くヤシの実……」と謳った「椰子の実」はこうした寄物に思いを馳せた詩である（図1.1）。

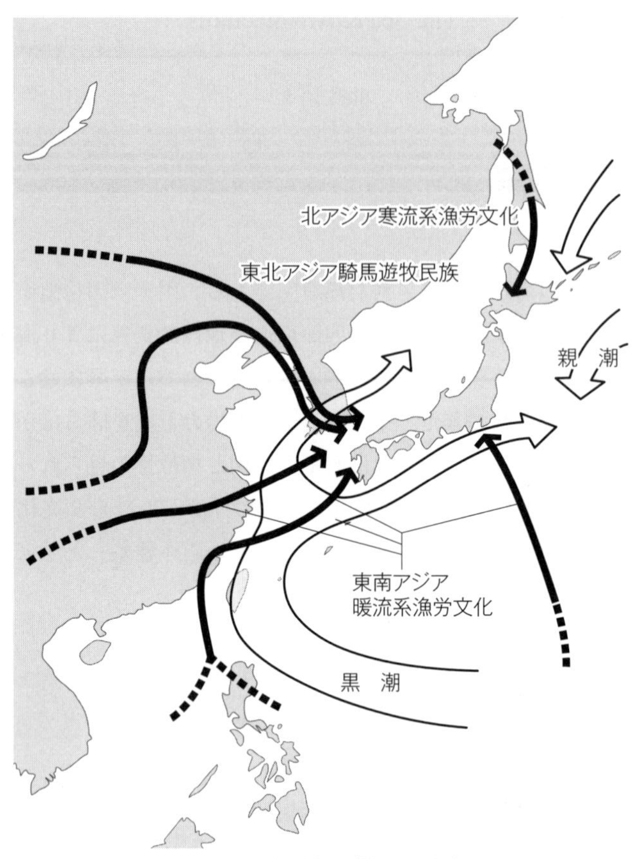

図1.1　日本列島と「海上の道」

日本の場合、地理的には最南端にある先島諸島、琉球諸島、沖縄諸島、南西諸島、薩摩諸島までは、太平洋諸島国やインドシナ諸島の国々からの寄物（よりもの）が数多く見られる。台風や嵐の後などは九州の西側海岸線には多くの寄物が漂着しており、椰子の実に限らず椰子の木そのものや難破船が漂着するなど大小様々な寄物が流れ着く。大木のない土地では寄物としての流木を拾い集めて家を建てたりした。また、寄木神社（よりきじんじゃ）と呼ばれる神社が福島県相馬市磯部、東京都品川区、神奈川県平塚市、静岡県袋井市・磐田市、和歌山県熊野市須野などに建立されているが、この神社は寄物としての流木を寄木（よりき）と呼び、神にまつわる「木」として尊びそれを拾い集めて建立された神社とされる。福岡県の宗像神社では、本社や末社の社殿の修理には海岸に漂着した船の船材を用いるとされる。また、海が運んだ建築的なモノとしては、インドシナ諸国に見る高床型の倉庫の特徴を持った高倉が沖縄諸島や奄美群島で見受けられる他、伊豆諸島の八丈島においても見られ、黒潮の流れる沿岸部の地理的地域的な特徴と捉えることができる。インドネシアの住宅の敷地入口に立てられる「ヒンプン（衝立状の壁）」は沖縄本島や渡名喜島で多く見られる。奄美諸島や九州の鹿児島や佐賀地方ではインドシナ半島に多い玖度づくりや大洋州の島嶼国で見られる分棟建てなどを見ることができる。大洋州のキリバスには「マニアバ」と呼ばれる大集会場が各集落にあるが、内部空間は大屋根を支える柱があるだけの大空間になっている。ただ、この柱間の内側に日本の正月に飾る「注連縄」のようなものが吊るされ、それによって空間が二分されている。この注連縄の使い方は文化伝来に由来するものの一つかもしれない。

（2）海と生活

日本列島の近海に流れ込む海流は黒潮も親潮もどちらも豊富な水産資源を回遊させてくれる。そのため、太平洋側を流れる黒潮の暖流域には「かつお」「まぐろ」が回遊し、日本海側を流れる暖流域には「ぶり」が回遊する。また、太平洋側を流れる親潮の寒流域には「さんま」「たら」が回遊し、日本海側には「にしん」が回遊し、列島各地の地先水域には漁場が形成され、鹿児島枕崎「かつお」、富山氷見「ぶり」、青森大間「まぐろ」、北海道根室「さんま」、北海道小樽「にしん」などでの漁港が繁栄した。こうした水揚げされる水産物を食糧資源として採捕する生産活動の空間的、社会的な基底をなすものが漁業集落すなわち漁村となり、水産物採捕を生業として全国津々浦々に点在している。その数は現在6,298集落で漁港数は2,900ヶ所強を数える。概ね１つの漁港の背後には２つの漁村が立地することになる。日本列島の海岸線の距離は概ね33,000km（北方四島を含まず）あるとされるため、11kmに１港の高密度な割合で漁港は分布している。この漁港の背後地に漁村があり陸域部の最先端の海に最も近い場所に立地する。そのため、半島部に多く集積しており、男鹿半島、重茂半島、房総半島、三浦半島、紀伊半島、能登半島など全国の大小様々な半島部には必ず漁村がある。半島部は海に突き出た地理的地形的特徴により漁場に最も近くなるため、都市部からは遠隔地となりやすく社会基盤整備も遅れがちであるが、漁業を生業とするため漁村の立地は資源立地型で世界共通であり、採捕資源のある最も近傍の場所に立地することになる。また、漁村は漁業以外にも地域社会の育成や自然災害などに対する監視の役割を果たすことになる。

この漁港や漁村を支える漁業生産活動は、沿岸・沖合・遠洋の漁業に大きく分けられ、採捕される水産物も自ずと異なってくるが、さらに大きく作用するものとして、海側からの自然環境圧（雨、風、雪、気温、湿度、日照日射、潮汐作用など）や地理地形的な影響がある。潮汐作用を見ると、九州有明海が日本で最も大きな差があり６m程ある。ただし、平均的には太平洋側は２m程度の差であり。日本海側は１m以下で50cm以下の若狭湾なども見られる。

こうした自然環境条件は漁業活動に直接作用し、日本海側では冬期は概ね海が時化るため漁業生産活動が制約を受ける。そのため、冬期は杜氏となるなど出稼ぎが行われ、その間、使われない漁船を収容する場として「舟小屋」が建てられてきた。この舟小屋は現在（2010年）青森から長崎対馬までの日本海側の漁村50ヶ所程度まで減少してしまったが、かつて漁船がFRP（強化プラスチック）化される以前の木造で建造されていた頃は、太平洋側を含めて全国の海岸線で見ることができた。この舟小屋は木造船の頃、強い日射や風雨雪などで船体が劣化することを防ぐためにつくられてきていた。舟小屋は漁業以外の農業で農作物の収穫時期に使う田舟を収納するためにもつくられてきていた（図1.2）。

図1.2　京都府伊根町の舟小屋

京都府伊根町にある舟小屋は、漁村としては全国初となる重要伝統的建造物保存群（通称：重伝建）として伊根湾に沿って建てられている230軒が指定された。この舟小屋は全国的にはその建て方が珍しく、建物の中まで海を引き入れているため、船に乗ったままでの出港帰港が可能である。これは伊根湾の地理地形的特徴を生かすことによりできたことであるが、伊根湾は若狭湾の中に在って、湾口が若狭湾とは逆向きにあり、外洋からの波の影響がほとんどなく、沈降海岸のため、陸域近傍まで水深が深く、かつ干満差がないことにより海を小屋の中まで引き込むことができた。こうした特徴的な舟小屋は、若狭湾の田井や成生などでも見ることができるほか、新潟柏崎や佐渡島においても見ることができる。船がFRP化されても生活習慣として船を収容することが残っている漁港では、陸上の駐車場のような屋根だけをつくっているものもある。島根県隠岐島ではかつて使われていた舟小屋を老朽化のため取り壊したが、島の観光資源として再生した。

地図を広げて千葉県の地名を見ると、和歌山県にある地名と同じ「網代」「勝浦」「白浜」「野島」があることに気が付く、ほかにも和歌山県「栗栖川村石船」「有田市古江見」、千葉県「大原町岩船」「鴨川市江見」など漢字が違うが読み方は同じ地名がある。これは和歌山県の漁師が黒潮に乗り房総半島の「いわし」や「たい」の漁場を求めて北上し定住したためである。漁師の移動により南房総の大原では「紀州びしま釣り」という呼称で「まだい」を釣り、いわし漁では「あぐり網」、いせえび漁は「えび網」が紀州和歌山から伝播した漁法である。また、醤油や鰹節も江戸時代に移入された。千葉の銚子の「ヤマサ醤油」は和歌山の湯浅から移入されたものである。さらに、和歌山の漁村に見る集落形態とそれを構成する漁家住宅を九十九里の片貝海岸で見ることができる。

国内においても漁場を求めて移動する漁師によって、地域の文化としての暮らしや食べ物、建築や集落形態などが各地に広がっていることが分かる。

1.2 海と建築の係わり

(1) 海がもたらす建築

サスティナブル（Sustainable：持続的）な生活環境が今日希求されることで、B・ルドフスキーが1964年に「建築家なしの建築」で紹介した乾燥地帯、寒冷地、湿潤地などの自然環境条件の厳しい場所や海や河川、湖や沼沢地などの水域に見られる住居が、「風土的」「無名的」「自然発生的」「土着的」「田園的」に形成されているとして注目されてきている。これらは自然環境を制御する近代建築とは異なり、自然環境に適合したエコロジカル（Ecological：生態的）な共生や調和を念頭に置いて生活環境を形成しながら建築についても身近で入手可能な素材を利用して建てられているため、材料や建て方は地域の植物相・動物相・地勢や気候により規定され、それが建築の形態的表情となっている。

こうした自然環境条件と地域性を踏まえつつ、日本の沿岸各地に見る集落や建築を見ると、日本はアジアモンスーン地域に属すため年間を通じて平均気温が高く、夏季冬季の気温差が大きく、夏季は高温高湿であり四季の相違が明確であることに気づかされる。そのため、アジアの他の湿潤な地域の建築形態と類似した開放性の高い建築で架構方式による軸組み構法による融通性の高い建築空間になっていることが理解できる。また、沿岸部の風況の強いところでは住居を囲み込むようにして高い石垣を積み上げて風の影響を防ぐようにしている。瀬戸内海の香川県女木島や男木島、高知県の豊後水道に位置する沖ノ島が該当する。

日本に見られる一般的な住居の特徴は、北の北海道では冬の寒さや降雪に備えた閉鎖的な構えで屋根は切妻で勾配が急な住居である。南の沖縄では夏の暑さに備え縁側を持つ開放的な間取りで軒を低くしたり陸屋根形式が多く夏場の台風に備えている。

(2) 海と建築の関係性

ヨルン・ウッツオンが国際コンペで1等を獲得したオペラハウスは、オーストラリア・シドニー湾の入り組んだ海岸線の奥にある突き出た半島状のベネロン・ポイントに立地しており、今日では幾重にも連なる帆船の帆や白波、貝殻にもたとえられるオーストラリアを代表する建築物になっており、「シドニー」あるいは「オペラハウス」とどちらの言葉を聞いても思い出されるシンボル性やイメージアビリティの強い建築物でもある（図1.3）。

ウッツオンがこの建物を設計した時代は今日のようにはコンピュータが普及してはおらず、構造計算は手作業であった。そのため、着工は1959年であるが建物竣工は1973年であり完成までに14年の歳月が費やされることになった。ウッツオンの初期のスケッチでは、この建物はシェル構造を用いたもので今のように立ち上がった形状ではなく、白波が幾重にも連なり覆いかぶさるようなシルエットを見せるデザインでまとめられていた。しかし、当時の構造計算ではこのシルエット状のシェル構造を実現することはできず、設計者の抱いたイメージとは大き

図1.3　オーストラリア・シドニー湾の「オペラハウス」

く異なることになる形状となった。そのため、ウッツオンは工事途中で脱退したが1999年に復帰しオペラハウスの改築工事でレセプションホールなどを手がけた。港近くに立つオペラハウスは、その形態から市民や観光客はこの建物を見ると「海」に関連したイメージが思い浮かべることになる。2007年には世界遺産に登録された（図1.4）。

図1.4　ウッツオンのスケッチ

ウォーターフロントが1985年以後に日本でもブームになり、都市臨海部の地区では積極的に海辺や水際の環境を都市環境として扱うために、海側に開いたデザインや街づくりの面で、「見通し」や「眺望」、「連続性」や「つながり」などが考慮されるようになった。アメリカでは1963年にニューヨークでマンハッタン地区の水際を再開発し都市再生を推進するため「Back to Waterfront」を合言葉に整備が進められ、WTC（ワールドトレードセンター）を立地することで水際の賑わいや人々の動きを活発化させることが進んだ。この際、水際に対するデザインとして街なかとの視覚的な連続性確保やアクセスとしての連続性の確保および水辺特有の環境圧への配慮が盛り込まれた。また、海側からの眺めに対して配慮したシンボル性を備えた建築デザインが導入された（図1.5）。

図1.5 マンハッタンのウォーターフロント

海と建築の関係は、そこから生まれる海の持つ様々な表情を読み取ることで、建築デザインに反映されることが多く、海に関連した海鳥や魚類などの生物もデザインモチーフにされることがある。また、かつては漁師が海に出た時、沖合から陸域を眺め、背後の山並みを見ることで自分の位置を知る「山宛て」が行われたが、地形的に平坦で変化が乏しい海岸線の場合、建築的なデザインとしてシンボルやランドマークとなり得るような際立つ意匠性が取り入れられることもあった。前回の1964年東京オリンピックのヨット競技会場となった江ノ島ヨットハーバーのクラブハウスは節版構造の屋根を持っていたが、これは沖合に出たヨットから眺めた時に目立つことを意図してデザインされた。同様なことはフランスのカマルグ地方にバカンス村が建設される時、この地方には山並みが少なく平坦な地形のため、陸域側のシンボルとして目立つデザインが取り入れられた建築物が建設された。

(3) 海と船と建築

海と建築との関係は、建築家が関係した仕事を見るとその姿勢が分かる。ル・コルビジェはコンクリート船「Asile Flottant 号」の改修を行い、ルイス・カーンはコンサートホール船「Point Counterpoint Ⅰ・Ⅱ号」の設計を手掛けている。建築構造家のP・L・ネルヴィはフェロセメントでヨットを何隻か製作している。R・ピアノもヨットの設計や大型クルーズ客船の設計を手掛けている。また、F・L・ライトは、湖でボートに乗ったまま家に入ることができるボート・ハウスの設計を手掛け、B・ゴールドバーグは、シカゴでボート・ハウスを備えた高層住宅の設計を手掛けており、シカゴ川沿いに建てられた高層住宅に備えられたボート・ハウスからプレジャーボートに乗りミシガン湖に乗り出すことができる。スウェーデンの建築家ラルフ・アースキンは自らの設計事務所を帆船の中に開設している（図1.6)。

日本でも戦前に建築学科出身の技師や建築家らがコンクリート船の建造を行っている。また、建築家の山田守は病院の設計に大型客船のイメージを投影したり、村野藤吾、岡田信一らは客船の内装を手掛けていた。また、丹下健三や菊竹清訓、大高正人らは海上都市の未来を描

図1.6　ボートハウス

いた。また、磯崎新も中国の珠海市で人工島による「海市構想」を発表しているし、槇文彦はフランスの運河を航行するナローボートを演劇舞台に改装することを手掛けている。90年代前後になると日本では海への関心が一段と高まりを見せ、多くの建築家が海の上の建築をつくり出した。

各地の港湾においてクルーズ客船を見かけることが増えてきたが、このクルーズ客船と建築の間には共通点があり、それは互いに規模が巨大化する傾向にあることが指摘でき停泊中のクルーズ客船の姿は、デッキの並ぶ姿からマンションやリゾートホテルに見立てたり、都心部に建つビルをその形や規模から軍艦ビル、戦艦ビルと呼ぶものがあり、客船のシルエットを採り入れたウォーターフロントのリゾートマンションも建設されている。

大型客船が大西洋に就航した1930年当時、自動車や飛行機などが新たな文明の象徴となり、工業製品は機能的で実用的なデザインとして扱われ、その形態が建築のモチーフとなり様式化されアール・デコ様式が生み出された。このアール・デコ様式の代表的なものとしてニューヨークのクライスラービルやエンパイアステートビルがある。日本では原美術館（旧原邦造邸）や東京都庭園美術館（旧朝香宮邸）、伊勢丹新宿本店、日本橋三越本店本館の他に官公庁の建物に様式美として採用された（図1.7）。

アール・デコ様式から派生したデザイン様式としてストリームライン・モダンが生み出された。このストリームライン・モダンはカーブや長く伸びた水平ラインを強調した建築形態で、外観に丸窓や欄干などを用いることで客船をイメージさせるため海事様式とも呼ばれた。

図1.7　東京都庭園美術館

おわりに

島嶼国としての日本は、海からの恩恵を得ることで、異国からの文化が海流の流れに沿って定着しており、特に沖縄や奄美諸島、九州地方では建築様式や建築形態、配置において太平洋諸国との類似性や共通性を見ることができる。また、全国各地の津々浦々には漁村漁港が立地しているが、こうした集落や生業における舟や暮らしを支える建築においては、地域性を加味すると共に、気候風土を反映したたたずまいを見ることができる。また、海の雄大さ、広大さ、波や風などをモチーフにした建築デザインが建てられてきたり、様式美として確立されてきたり、海がもたらす移動性や可動性を生かすことで、陸上では創りだすことのできない「モビリティ」を反映した機能がつくられてきた状況を認識できた。

第2章
海の空間利用

Ocean Space Utilization

増田 光一（2.1）、惠藤 浩朗（2.2）

はじめに

本章では人間の生活に密接に関連する建築的視点からの海洋空間の資質について自然的事象と社会的事象から定義し、海の空間利用の歴史的・風土的変遷について解説する。また海洋利用の空間的概念として、ウォーターフロントや沿岸域、海洋空間の定義を示し、それらの空間の成り立ちや、従来までの利用と将来的な利用に対する施策について解説する。

2.1　海洋空間の資質

（1）歴史・風土に見る海の空間利用

海洋空間といっても、建築的には、人間の生活に密接に関連する海洋空間として沿岸域を中心に本節では議論を進めていく。沿岸域とはどのような空間かといえば、水深の浅い海とそれに接続する陸を含んだ海岸線に沿った細長い帯状の空間である。また、陸と海という特質の異なる環境や生態系を含み、陸は海からの、また海は陸からの影響を受ける環境特性を持っている空間であり、このことが沿岸域を含めた海洋空間の資質といえよう。海洋空間を構成する要素空間を沿岸域を中心に図2.1に示すように沿岸域のコアから陸側に、陸上の広域エリア、海側に沿岸海域（水深10m 以浅）より沖側の海の広域エリアに分けて考えることができる。

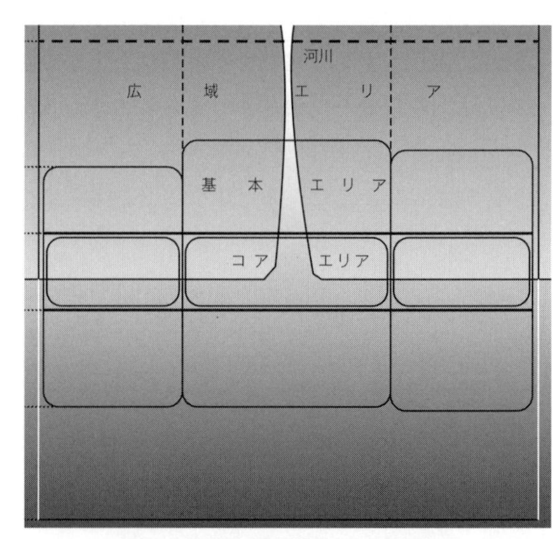

図2.1　海洋空間を構成する要素空間

日本沿岸域学会2000年アピール（2000年）に基づく空間定義（沿岸域の自然・社会特性を踏まえ，３つの空間に大別）（出典）日本沿岸域学会「2000年アピール」（２）沿岸域が抱える課題と沿岸域管理について

本節（１）では、歴史的な海洋の空間利用の様相について概説する。

日本人は、海の空間をどのように利用してきたかについて、具体的に代表的な事例を挙げて述べる。

1998年に京都府舞鶴市浦入遺跡群から約5,300年前の丸木舟が発見された。この丸木舟は幅約 1 m、船底の厚さ約 7 cm であり、その幅から全長は約 8 m と推定される。同時代のものとしては、最古、最大級の丸木舟であり、この大きさから外洋航海用の船であることが推察される。我々日本人の祖先は、縄文時代即ち太古の時代から海洋と関わる生活を営んでいたことが推察される。このことは、太古及び古代より我々日本人は、海の空間を主に海運の場、漁業の場、比較的平坦な地形を利用した人々の生活空間として利用してきたことが推察される。古代以降では、海上輸送・貿易の拠点としての港、その後背地の集落、それは漁業の場合も漁港と集落等の利用が現代にまで引き継がれている。

ところで、人間生活と関連の深い沿岸域の海洋空間利用で歴史的に特徴的な建築的利用について以下に記述する。

中世における沿岸海域を建築的に利用した特徴的な事例として1,168年に安芸守となった平清盛によって造営された寝殿造の厳島神社について概説したい。厳島神社の創建は、593年で推古 3 年である。宮島全体が神とみなされていて、木や土を削ることができないため社殿は沿岸海域にせり出すような建築様式となった。また、瀬戸内海海運の船の守り神としての厳島神社としては、海からのアプローチとして沿岸海域に鳥居があり、航行する船舶にとって心強いランドマークとなっている。前述のように平清盛により造営（1168年）された寝殿造の社殿が現在まで引き継がれている。

図2.2のように満潮時は海水が満たされており、台風の大波が作用しても東西の回廊の床板

図2.2　満潮時の厳島神社の社殿　厳島神社―御朱印 HP より

の隙間（図2.3参照）が大波の波圧を分散し、波圧による社殿の倒壊を防いでいる。このような工夫は、沿岸海域を利用する場合、このように海からの影響を常に考慮して合理的な建築物

を計画設計することが必要であり、これが海洋建築工学における設計計画の本質である。

平安時代末期（1173年）には、平清盛により日宋貿易が現在の神戸付近の大和田泊を拠点として推進された。日宋貿易のための船舶を波浪等から守り、安全に避泊できるようにする目的で大和田の泊の沖合即ち沿岸海域に経が島という人工島が建設された。経が島は、37ha の面積があり、現在の神戸市の兵庫区島上町の來迎寺周辺であるとされている。一方、大阪も難波の津と呼ばれ古代から国家的海上交通のターミナルであると同時に警察・軍事の拠点として発展した。このように古代から中世においては、日本の海洋空間は、沿岸海域を中心に積極的に利活用されてきたといえよう。近世江戸時代における海洋空間の利用について以下に述べる。

図2.3　回廊の床板の間隙
厳島神社―御朱印 HP より

近世即ち江戸時代の日本沿岸海域の利用に於いては、大消費地の大阪及び江戸（東京）を中心とした東廻り航路と西廻り航路を中心に利用されてきた（図2.4）。12世紀になると太田道灌による江戸城がつくられた後、日比谷入江の埋め立てが進み江戸湊（えどみなと）が形成され、江戸湊は、日用品を中心に交易が盛んになされ、多いに賑わっていた（図2.5）。

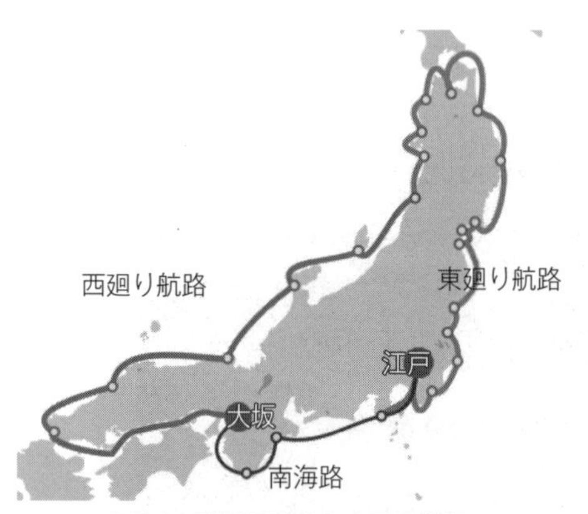

図2.4　西廻り航路と東廻り航路
歴史まとめ .net より作成

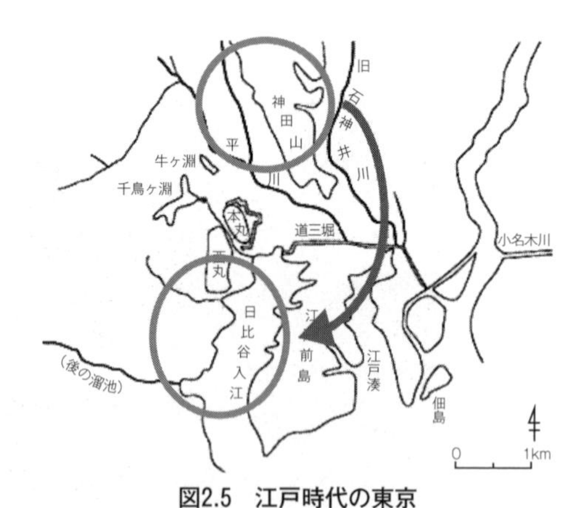

図2.5　江戸時代の東京
鈴木理生『江戸の川・東京の川』，日本放送出版協会，1978. 3 より作成

以上、古代から近世までの海洋の空間利用について沿岸域及び海洋広域を中心に各時代の特徴的な海洋空間利用について述べてきた。まとめると古代から近世までの沿岸海域から海洋広域は海運や水産業に関連した利用がなされているといえる。具体的には、海洋広域は漁業の場

や海運の航路として主に盛んに利用され、沿岸陸域は海運によって運ばれた物資の荷揚げ降ろしの場として荷揚げされた物資を消費地に輸送するための集積場として利用されており、日本では古代から港湾都市の原型のような沿岸域町も出現している。近代・現代における海の空間利用については、次節で具体的に取り上げることにする。

（2）沿岸、島嶼、洋上の空間特性

日本国は、6,847の島嶼によって構成されている島国である。特に陸地面積の10倍であり、日本の排他的経済水域を中心に沿岸、島嶼（島）、洋上の特性について話を展開する。また、島嶼は、排他的経済水域（以後 EEZ と略す）に存在する離島と考えて話を進めていく。

2.1（1）の記述から沿岸域の沿岸海域から離島、海洋広域（洋上）を一連の沿岸海洋空間と考え解説していく。

前述の沿岸海域は、本節では海岸の低潮時の海面と陸地の交わる低潮線から大陸棚の先端までの海域とし、この海域の利用は、多様な漁業の場として利用され、特に水深50m 以浅の海域では、栽培漁業が、海岸に近い極浅海域では、護岸、埋立、防災工事等が行われており海域の大規模改変がなされている。

また、沿岸陸域からの影響を強く受け海洋汚染による海水に含まれる栄養分が自然の状態より増えすぎてしまう富栄養化が問題にされている。このような陸域の影響を強く受ける水深20m 以浅の沿岸極浅海域では、海域の陸地化利用も多く行われている。また、50m 以浅の沿岸浅海域では、海域の陸地化利用として人工島の構想が多く提案され、近年実現されている。この沿岸海域は、海としての特性を利用した海洋エネルギー発電の場、交通・通信の場、生物資源生産の場等の人間生活に密接に関連する空間利用が海域の特性を生かしながら行われている。

一方、大陸棚先端より EEZ 境界線までの部分海域を洋上空間と呼ぶことにして概説を展開していく。洋上に点在する離島は、日本の EEZ の境界線を確定し、日本の管轄権を主張する上で極めて重要な役割を担っている。日本列島全体は、最初に述べたように多くの島嶼によって構成されている。それらの島嶼の中で暮らすための可住面積は、全体の平均で 2 割～ 3 割程度である。このことからわかるように、洋上に点在する離島も同じように平地が少なく 2 ～ 3 割程度の可住面積しか持っておらず居住環境としては大変厳しいが、洋上では海底資源の開発が盛んに実施されており、その基地としての役割は大きい。また、荒天や事故に見舞われた船舶・漁船の避難港としての役割も極めて重要である。洋上空間も沿岸海域と同様漁業及び交通・通信の場として活用されているので同時に国家安全保障の観点からも重要な海域である。

2.2　海洋利用の空間的概念

水際線を挟んで海陸双方にまたがる帯状の空間である水辺・ウォーターフロント・沿岸域に関する空間的関連の平面模式図を図2.6に示す[1)]。ここではウォーターフロントや沿岸域、海洋空間について、空間の成り立ちと、その利用について解説する。

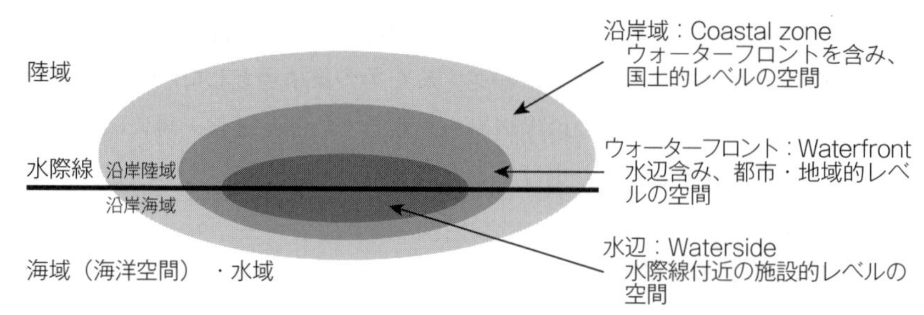

図2.6　水辺・ウォーターフロント・沿岸域に関する空間的関連の平面模式図

（1）ウォーターフロント

ウォーターフロントの空間の成り立ち

ウォーターフロントとは、水際線付近の空間である水辺を含み、陸域周辺およびそれにごく近い水域を併せた空間と定義され、都市的規模の範囲の空間概念として用いられる。ウォーターフロントの領域に関する距離的な目安としては、海域・水域側では300～500m（中景域）、陸域側で2,000m 程度（徒歩圏）として捉えられる。なお対象となる水域は、海、河川、湖沼といった規模の大きい自然や、自然に近い水空間に限定され、人工的な池や水盤、狭い用水路などは含まれない。また狭義には、主に大都市周辺における臨海部をさす場合もある[2)]。

ウォーターフロントの特性

ウォーターフロントの特性は以下のとおりにまとめられる[3)]。

【空間的特性】

1. 公的空間との認識が高い
2. 住民が求めるウォーターフロントに対するニーズは主に親水機能であり、都市空間の中で誰しもが水辺に訪れ自然に触れられる「水辺の開放」はウォーターフロント開発の重要な要素
3. 国内外問わず、都市の発展の歴史を見ると港が核となって都市が形成されている例が多く、そのためウォーターフロントには文化・歴史的事象（建築物・記念碑など）の蓄積が多い
4. 広大な水面により視界が開け、見通しが良いことから、ウォーターフロントの建築物は水域からも楽しむことが可能であり、またそれら建築物が群となり形成されるスカイラインも水域を介することで一望可能なこと
5. 敷地前面の水域は周囲からの悪影響を断つ効果（水域の緩衝効果）とともに、アクセス路を限定することが可能
6. ウォーターフロントは、高度成長期には工業生産機能や物流機能に重点を置かれ開発が進められてきたことから、再開発などにより用途が変わり、商業や業務、居住機能の導入が促進された際には都市生活に供するインフラストラクチュア（社会的基盤施設）の未整備が指摘されるケースもあること

【開発者から見た特性】

1. 商業や業務、居住機能を受け入れ可能なインフラストラクチュアが整備されていないこと

から比較的地価の低い土地となる場所が相当程度存在

2．一般的に都市開発を実施する上で、土地の所有や建物の所有、建築利用など土地に絡む権利関係の整理に時間と労力を費やす必要があり、それらは経済的な面だけでなく、開発に対する意欲減退の要因となるが、ウォーターフロントの権利関係は比較的に単純であり開発者にとっては有利な条件が多い

3．ウォーターフロントは、新規埋立地や物流・工業関連の跡地が多く、大規模開発が可能であり、その開発のポテンシャルは高い

4．ウォーターフロントの敷地前面は水域であるため、開発の際に隣接敷地からの影響が半減されることから自由度の高い開発が可能

【利用者から見た特性】

1．ウォーターフロントでは、潮騒や潮の香、触れる水、夜の水面に映える照明の輝きなど、水が五感を刺激し、人々を魅了

2．ウォーターフロントにおける水域や空は、密集化・喧騒化した市街地では得られない解放感を提供

3．ウォーターフロントが有するファッション性や話題性がフィッシャーマンズワーフ、水族館、マリーナなどを中心としたウォーターフロント開発の成功の一つの要因

4．ウォーターフロントでは公的空間としての空間確保が重視され、市民の自由なアクセスを可能とする計画・開発が行われており、その空間の共有が市民意識の連帯性を醸成

ウォーターフロントの空間利用

日本の近年の都市整備において、ウォーターフロントへの視点に見られる都市開発の動向には変化が見受けられる[4)]。1950年代以降の高度成長期には、東京湾を筆頭に、大阪湾、伊勢湾などの太平洋ベルト地帯において、鉄鋼・石油コンビナートなどの巨大な工業集積地を形成する経済重視の視点を中心とした開発がなされた。そして1980年代以降には、水辺への関心の高まりと民活事業や緑地の整備を背景に、人が憩い水に親しむことのできる空間を創出する港湾行政が全国的に展開され、お台場（東京都)、みなとみらい21（神奈川県)、幕張新都心（千葉県)、ポートアイランド・六甲アイランド（兵庫県)、百地（福岡県）など大規模なウォーターフロント開発計画・構想プロジェクトが展開された。2000年代になると、自然の復元や生態系の再生・涵養（かんよう）するための試みも進められ、ウォーターフロントが観光拠点や地域のランドマークのほかにも環境学習や地域コミュニティ形成の場としても利用される新たな機能と期待を担う空間となってきた。また水域の存在を主張する開発も進められ、例えば東京都が進める「運河ルネサンス構想」の第１号として、倉庫やオフィスなどで占有されてきた運河をおしゃれなウォーターフロント空間に変える新たな土地活用の可能性などが示された。

一方でウォーターフロントは高潮や地震に伴う津波の襲来などの危険性も有している。特に2011年に発生した東日本大震災では沿岸部で甚大な被害が発生したことから、災害時の復旧や復興の拠点としての機能を有する空間と、日常的なウォーターフロントの魅力を十分に発揮した景観やデザインが融合する新たな環境・防災共立型のウォーターフロントが求められる。

（2）沿岸域

沿岸域の空間の成り立ち

沿岸域は、日本の第1期海洋基本計画第2部9（2008年3月に閣議決定）の中で、「海岸線を挟む陸域から海域に及ぶ区域であり、波や潮流の作用により形態が常に変化し、砂浜、磯、藻場、干潟、サンゴ礁等が形成されている。また、多様な生物が生息・生育するほか、水産資源の獲得、海上と陸上との人流・物流の拠点、その機能をいかした臨海工業地帯の形成、レクリエーション活動等に利用され、白砂青松に代表される豊かな景観を有する等、多様な機能を有している。さらに、河川を含む陸域からの土砂供給量の減少等により海岸侵食が生じるなど陸域の影響を顕著に受けるほか、様々な利用が輻輳している区域でもある」と示されている。

また米国の沿岸域管理法第304条では、「沿岸域は、沿岸水域及び隣接する沿岸陸域であって、相互に強い影響を及ぼし合い、かつ複数の沿岸州の海岸線に近接するものをいい、島嶼、潮間帯、塩沼地、湿地及び海浜を含む」と定義されている[2)]。

このように沿岸域は沿岸陸域と沿岸海域の双方が重合し国土計画レベルの空間概念として捉えられていることが確認されるが、距離的目安は具体的に示されていない。

沿岸域の空間利用

沿岸域は海岸形成、生態系、交通、貿易、産業、文化など人間生活において複雑な交流空間として利用されている。特に沿岸陸域（臨海部）は物流や生産などを支える産業空間として発展し、現在では物理的に飽和な状態となっている状況も見受けられる。そのため沿岸域は各種の利用分野が重複していることから利用分野間で連携し、調和のとれた多機能な沿岸空間利用を目指すための事業およびその技術開発に取り組む必要がある。ここでは文部科学省科学技術・学術審議会が示す沿岸域の効率的な空間利用や環境配慮型の空間利用のための施策[5)]について紹介する。

【効率的な空間利用のための施策】

1．効率的な交通体系の構築

広域的な地域の活性化を推進するとともに、国際競争力のある物流サービスを提供するには、道路、港湾、海上空港などの基盤施設を、周辺環境に十分配慮し継続的に整備することが必要であり、各種の交通機関が連携した総合的な交通体系の構築が重要となる。

2．水産物の水揚げ・流通・加工機能を一元化した施設の整備

安全かつ高品質な水産物を安定的に供給するために、流通・消費システムの効率化・高度化を推進するための水産物の水揚げ・加工・流通を行う多様な機能を沿岸空間に持たせることが適当であり、水産物産地市場などに一次加工施設などの必要な施設の整備が望まれる。

3．海洋空間の高度利用を図るための超大型浮体式海洋構造物（メガフロート）の活用

沿岸空間のうち海岸線に近いほど利用が輻輳しており、利用者の権利関係も複雑となる。そのような沿岸域利用の中で、メガフロートは沿岸空間でもやや沖合の海上に設置され、沿岸陸域と接続するかたちで、防災基地や海上レジャー施設、海上空港などの実現的ニーズだけでなく長期的な夢のあるユニークな利用施設を新たに創案できる可能性を有している。

【環境配慮型の空間利用のための施策】

1．循環型社会を目指した港湾を中心とした総合静脈物流システムの構築

環境問題に対応した循環型社会の実現を図るため、既存ストックを最大限に活用し、物流コストの低減及び環境負荷の軽減を主眼においた最終消費者の使用済みの製品、返品商品などにより生じる産業廃棄物など、廃棄物を輸送する物流（静脈物流）システムの構築が重要な課題となりつつあり、その静脈物流の拠点となる港湾の構築などが望まれている。

2．環境に配慮した港湾・漁港施設の整備

港湾・漁港等の整備では、貴重な自然環境への影響を最小限に抑制することはもちろんのこと、施設を建設・改良する場合には、海水交換型防波堤や緩傾斜護岸などの環境配慮型構造を積極的に導入し、また防波堤の構造を凹凸にして海藻が繁茂しやすい環境配慮型ブロックなどを採用し二酸化炭素の固定効果などを期待するような整備が必要となる。

3．廃棄物海面埋立処分を踏まえた港湾の技術開発

廃棄物の減量化や再利用の促進は前提とした上で、将来的な港湾の開発計画中では、廃棄物の海面埋立処分を踏まえた調整を図ることが重要となる。そのため環境影響への影響を考え、高性能遮水材料の開発、汚染物質遮蔽性能評価および監視システムの開発、耐震性の向上などを踏まえ廃棄物海面埋立処分場を整備し、その処分場としての機能と埋立後の港湾としての利活用について十分な検討が必要となる。

また日本の沿岸域は、海岸線にそって多くの海域に漁業権が設定されているが、加えて下記のような法制度に基づく区域が設定されているため、占用許可などの手続きについても沿岸域の空間利用を進める上では抑えておく必要がある。

港湾法：港湾区域、漁港法：漁港の区域、自然公園法：海域公園地区、自然環境保全法：自然環境保全地域、鳥獣保護法：鳥獣保護区、採石法：岩石採取場の区域、砂利採取法：砂利採取場の区域、電気通信事業法：推定線路の申請区域、海上交通安全法：航路、海岸法：海岸保全区域など

しかし新たな海域利用者への許可については各個別法に従い判断されるが、既存利用者への一定の配慮が記されている場合もあり、比較的新しい法律である自然再生推進法においては、協議会（自然再生協議会）の設置が規定されており、多様なステークホルダー（利害関係者）と協議できる仕組みなども担保されている[6)]。

（3）海洋空間

海洋空間の成り立ち

海洋空間は、海底下から海中、海面上部までを含めた三次元的な広がりを有する領域で、海洋において交通、通信、貯蔵、生産、生活、余暇などの場として利用される空間や、海洋において開発利用対象となる空間として捉えられ、低潮海岸線（LWL）より海側の領域を示す海域とは区別された言葉として利用される。

海洋空間の空間利用

1994年の国連海洋法条約の発効を受けて、1996年に日本もこれに批准し日本の領海や排他的経済水域（EEZ）、管轄区域となった大陸棚を合わせた管轄面積は世界第6位を誇ることとなった。海洋環境の汚染、水産資源の減少、海岸浸食の進行、重大海難事故の発生などの海洋に関する諸問題や、食糧・資源・エネルギーの確保、物資の輸送、地球環境の維持といった海が果たす役割、そして海をどう管理するかという視点の重要性の増大から、海洋に関する施策の総合的かつ一体的な推進が求められることとなり、海の管理や持続的利用に向けて2007年に海洋基本法が導入され、海洋基本計画が策定された[7)]。

海洋空間の空間利用という観点では、海洋基本法において、その基本的施策としてEEZなどの海洋空間の開発、利用、保全などとは別で、沿岸域の総合的管理が規定されていたが、将来的には洋上風力発電の導入が沿岸域でも進められ、沖合域での海洋保護区の設定、洋上風力発電の沖合展開なども相まって、沿岸域から沖合の海洋空間の総合的管理をシームレスに行うことが求められ、多様な主体による海域利用状況や科学調査データを一覧して可視化できる海洋情報基盤の整備が重要となる。

また海洋の空間利用についても文部科学省科学技術・学術審議会が示す海洋利用の具体的な推進方策[5)]について、その項目を列挙する。

【持続可能な海洋生物資源の利用】

1）水産資源の持続的な利用の推進
- ①　水産資源の管理・回復の推進
- ②　沖合水産資源の持続的利用のための漁場整備対策
- ③　海洋生物資源全体の持続的利用の推進
- ④　水産資源の積極的な培養と持続的養殖の推進

2）海洋生物資源の開発・研究
- ①　海洋バイオマス利用技術開発
- ②　海洋における未知微生物の活用

【循環型社会を目指した海洋エネルギー・資源利用】

1）海洋エネルギーの利用促進
- ①　洋上における風力発電の推進
- ②　循環型社会に対応するための再生可能エネルギー活用技術

2）再生型資源の利用の推進
- ①　海洋深層水の利用の推進
- ②　海水淡水化技術開発
- ③　FRP廃船の高度リサイクルシステムの構築

【市民生活の基盤を支える海洋鉱物・エネルギー資源利用】

1）海洋鉱物・エネルギー資源の利用に向けた研究開発
- ①　海水リチウム採取実用化技術開発
- ②　エネルギー資源としてのメタンハイドレートの調査及び開発

③　石油・天然ガス等エネルギー資源の開発

④　海洋における鉱物資源の調査及び開発

2）海洋鉱物・エネルギー資源利用のための海底調査等の推進

①　国連海洋法条約を踏まえた大陸棚の調査

②　海底調査等の体制整備

海洋利用は「海洋を知る」および「海洋を守る」と有機的に連携した要素の中でとらえることが重要であり、上述のように海洋利用が多様化していることを踏まえ、総合的視点に立って、異なる分野の利用施策の連携を図ると共に、沿岸域から沖合の海洋空間までをシームレスに管理することが重要となる。また海洋環境という観点からみると、海洋環境汚染に対する海洋利用施策や海洋生物資源を含む生態系に対する施策の効果は顕在化するまでには時間がかかることが多いため、長期的視点を持って海洋利用を考え総合的に管理することが必要である。

おわりに

本章では、まず日本人がこれまでに海洋空間というものを、どのように利用してきたのかについて、その歴史的変遷をたどりながら解説した。具体的には、縄文時代から海を海運の場、漁業の場などのような人々の生活空間として利用されてきたこと、そして沿岸域を建築的に利用した特徴的な事例として平清盛により造営された厳島神社について説明をしている。そして近世江戸時代には大阪や江戸（東京）を中心とした航路を中心に沿岸陸域は海運によって運ばれた物資の荷に揚げ降ろしの場として荷揚げされた物資を消費地に輸送するための集積場として利用され、大いに賑わい、港湾都市の原型のような沿岸域町も出現していることが示された。また沿岸、島嶼、洋上といったそれぞれの海洋空間の特性を踏まえた空間利用の方法とその重要性についても解説した。

そして前述の日本人のこれまでの海洋空間利用を示したうえで、改めて海洋利用の空間的概念として水辺やウォーターフロント、沿岸域、海洋空間の定義を示し、それらの空間の成り立ちや従来の利用形態について解説するとともに、それぞれの空間に対して将来的な利用に対する施策について述べた。以上、本章で示す海洋空間利用を考えるうえでの重要な事項を、海洋建築を学ぶ基礎知識として、しっかりと身につけていただきたい。

第3章 海と陸の関係を示すもの

Relation between Ocean and Land on Human Activities

小林 昭男

本章のねらい：前章における海の利用に対する空間的概念を具現化して理解するために、海の特徴を陸との関わりの観点から解説し、海陸の地形、海洋の動態、海洋資源、および人間活動の海への影響を理解目標とする。

キーワード：列島地形、排他的経済水域、大気の循環、表層大循環、海岸、海のめぐみ、環境汚染

はじめに

かつて海洋は大陸・島嶼間の交流を困難にする空間であったが、現在では造船技術の発展により大量の物資や大勢の人々を移動させて相互をつなぐ交流の空間へと発展してきた。また、海陸の境界付近の海岸域は人々の憩いの場や、商工業、港湾施設の発展の場であり、海洋建築物の建設の場となっている。一方で、海洋は気候変動による海面上昇やプレート型地震による津波が発生する空間であり、その対策に配慮した海洋建築物の建設ニーズも高い場でもある。そこで、このような海洋建築物の建設の場としての海洋を理解するために、海の様子の理解に主眼を置いて、海と陸の地形のつながり、海のつながり、および海洋のうごきを解説し、次に私たちが享受している海の恵みとしての海洋の資源、さらには陸域の活動の海洋への影響を解説する。

3.1 地形のつながり

（1）日本列島の横断地形

私たちが生活する日本は大小の島々で構成されており、アジア大陸の縁辺から離れて形成された列島地形である。図3.1に示すように日本列島の横断地形を見ると、アジア大陸から日本海に入り、平らな日本海盆、大和海嶺、大和海盆へと続く日本海の海底を経て列島に至る。そして日本列島の海岸や平野から列島中央の山地や丘陵を経て太平洋側の海岸に至り、太平洋に続く。さらに太平洋側の浅海域の大陸棚は、大陸棚外縁から大陸斜面で急激に深度を増し、大陸斜面脚部から日本海溝や東南海トラフのプレートの沈み込み帯に至り、その先は深海平原から東太平洋海膨（海嶺）まで続く。このように島嶼国である日本は、海と陸が連続して変化する地形を有しており、後に述べる海底資源はもとより、多様な自然環境の形成要因の一つに

なっている。

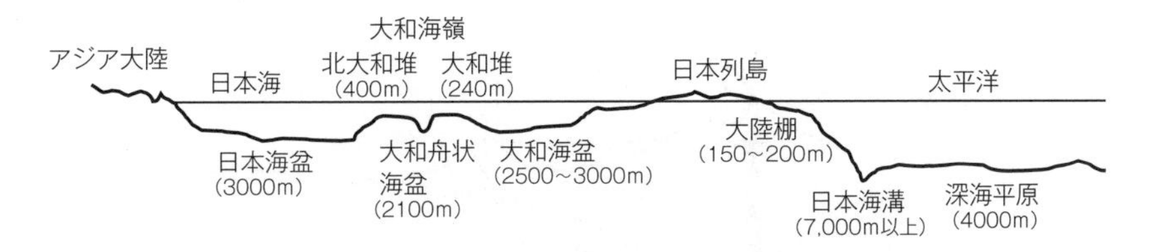

図3.1　日本列島（東北日本弧）の横断地形（カッコ内は水深で概数） [1), 2)]

(2) プレートと地震活動

日本の周辺には、図3.2に示すように、ユーラシアプレートと北米プレートという2つの大陸プレートがあり、太平洋プレートとフィリピン海プレートという2つの海洋プレートがある。ユーラシアプレートと北米プレートは衝突しあい、太平洋プレートは、日本海溝と伊豆・小笠原海溝でそれぞれ北米プレートとフィリピン海プレートに沈み込み、フィリピン海プレートは、南海トラフと相模トラフでそれぞれユーラシアプレートと北米プレートに沈み込んでいる。図3.2に示すように3つのプレートが1ヶ所で会合する点を三重点と呼び、三重点が2つも近接している日本列島周辺は、きわめて複雑な地形地質構造となっている。これらのプレートの沈み込み帯ではプレート間のずれが周期的に発生し、そのたびに起きる地震や津波は、歴史に残る災害を生じさせている[3)]。また、プレートが圧縮されてその一部が壊れた傷跡が断層であり、この断層のずれもまた地震の発生と災害の要因である。地震や津波は自然現象であるが、海洋建築の被災の程度を軽減するためにも、プレートや断層のずれの周期などで生じた歴史的な地震や津波の理解が必要である。

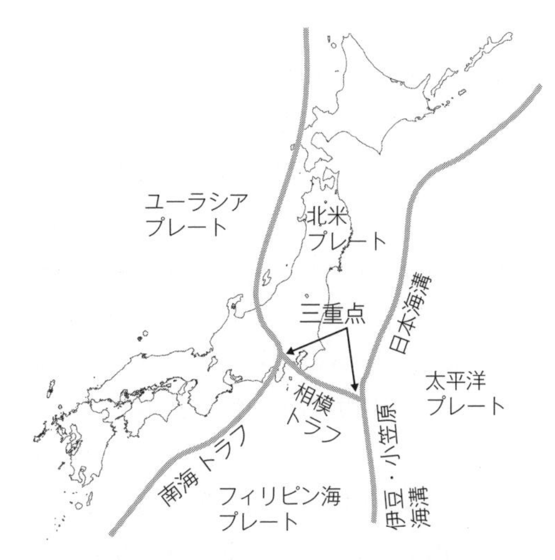

図3.2　日本周辺のプレートと三重点

(3) プレートと火山活動

沈み込み帯では別の現象も生じている。図3.3は火山の形成とプレートの沈み込み深さの関係を示している。沈み込んだプレートの表層は水分を含んでいるために融点が下がり、地表から深度100kmに達するとマグマが発生しやすくなり、これが地表に噴出して火山が形成される。そのために火山の連なりは海溝に対してほぼ平行であり、この火山の連なりを結んだ線を火山フロントという。火山フロントの位置は、プレートの沈み込みの角度に依存しており、この角度が急であれば海溝から近い位置で深度100kmに達するので、火山フロントは海溝から近い位置にある。しかし角度が緩いと海溝から遠い位置に火山フロントがあることになる。

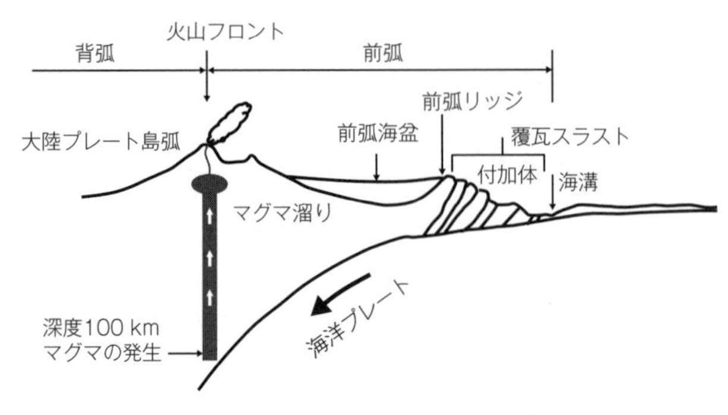

図3.3　マグマと火山フロント[4]

図3.4に日本の火山フロントを示した。東日本では日本海溝から見て火山フロントは列島のほぼ中央よりにある。一方で、南海トラフから北東側では瀬戸内海を超えた列島まで火山フロントがない。これは太平洋プレートのユーラシアプレートへの沈み込み角度は急であるのに対して、フィリピン海プレートの四国側への沈み込み角度は緩やかなためである。ただし、フィリピン海プレートの九州側への沈み込み角度は急なので九州には火山フロントが存在する。このような太平洋の大陸縁辺部に対して、大西洋では中央海嶺の両側に深海平原が広がり、典型的な大西洋の大陸縁辺部にはプレートの沈み込み帯がない。そのために火山フロントはない。

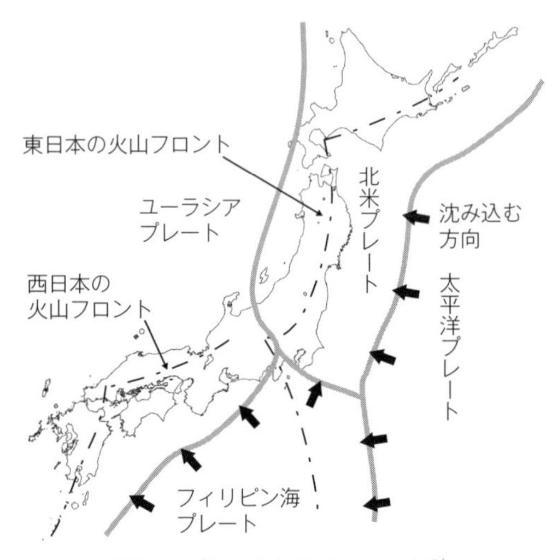

図3.4　プレートと火山フロント[5]

（４）プレートと堆積物

海洋プレートの表面には細かな粒径の物質が堆積しており、大陸プレートに沈み込むときにそれらの物質は、海溝に堆積した物質とともに取り残されて大陸プレートの縁辺に堆積する(図3.3)。この堆積物を付加体という。日本列島は、ユーラシアプレートに西からイザナギプレート（現在は存在しない）が沈み込んで形成された付加体（内帯）とその後のイザナギプレートの北上による横ずれ運動と共に移動した付加体（外帯）で構成されている。横ずれ運動は１億３千万年前頃に始まった変動と考えられているので、内帯は外帯より古く、かつ異なる地質体である。この横ずれ運動で生じた断層が日本列島の中央構造線であり、その後に日本海の拡大により現在の日本列島へと変貌した[6]。付加体は粒径の細かい砂や泥で形成され、長い年月で圧縮され砂岩や泥岩という堆積岩になり、これらが風化や波による侵食で再び砂泥となって海岸に堆積し、海岸域を構成する地質になっている。このようにプレートの動きは、火山活動、地震災害や地盤の隆起・沈降による地形変化、津波災害、さらには海岸地形の形成など、海洋建築の立地や計画・設計に大きく関わっている。

3.2　海のつながり

(1) 海の広さ

海洋の面積は14億 km^{2}で地球表面の71%を占め、大陸や島嶼を隔てて洋々と広がっている。平均水深は3,700m、最大水深はマリアナ海溝チャレンジャー海淵（水深10,900m）[7]である。水深が200m 以浅の大陸棚は海洋の全面積の 8 %程度である。地球上の水の97.5%は海水であり、その体積は13.5 × 10^8 km^{3}である。陸地の土砂を削って地表を均すと、地球全体が水深3,000m の海になるほど、海は広く深い。

(2) 大洋・縁海・地中海

太平洋、大西洋、インド洋を三大洋といい、南極海と北極海を加えて五大洋ともいう。太平洋と大西洋は赤道付近を境にして北太平洋や南太平洋のように分けて呼ばれるので、五大洋をさらに細分して 7 つの海ということもある。大洋はそれぞれが接続しているが、それぞれが固有の海流を有している。例えば北太平洋には、北太平洋亜熱帯循環を形成する北赤道海流、黒潮、黒潮続流、北太平洋海流、カリフォルニア海流がある。

大洋が陸によって分断された海域を付属海といい、分断の程度で縁海と地中海と呼ばれる。縁海は、大陸と半島や弧状列島で囲まれた海域のことで、日本海、東シナ海、オホーツク海、ベーリング海、北海などのように、大洋との分断の程度が小さい海域である。地中海は、大陸と大陸に挟まれた海域のことで、ヨーロッパ地中海や紅海などのように、大洋との分断の程度が大きい海域である。図3.5に大洋と主な縁海・地中海を示した。

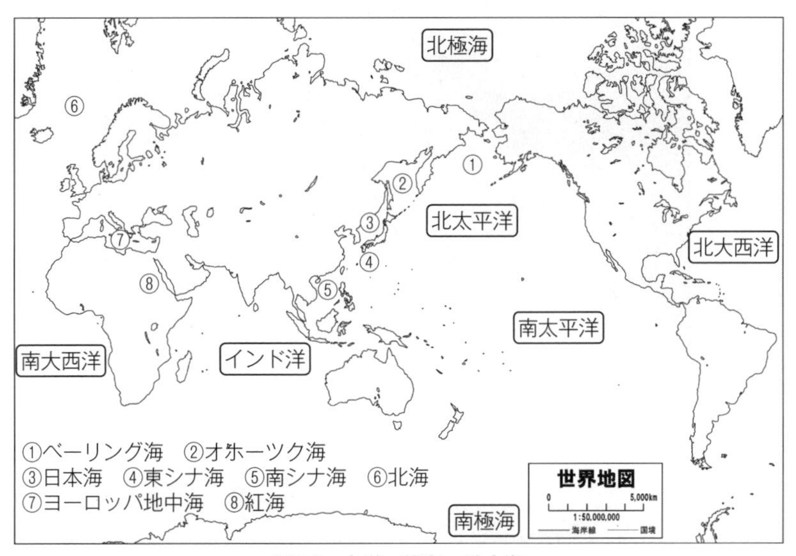

図3.5　大洋・縁海・地中海

付属海は固有の潮汐を有しており、日本では日本海沿岸の平常時の潮差（干潮時と満潮時の潮位の幅）は30cm 程度であり、太平洋岸の1/7程度である。これは、日本海と太平洋との境界が海峡によって狭まっており、日本海への海水の流入や流出が妨げられているためである。例えば、太平洋沿岸が満潮になるころは、未だに日本海へは狭まった海峡から海水が流入中であり、そのうちに太平洋は干潮になり、日本海では少しだけ潮位は上昇したもの海水の流出が始まる。このようなことから、太平洋沿岸と日本海沿岸では潮汐の振幅が異なり、干満潮の時刻も異なる。

（３）排他的経済水域（EEZ）

排他的経済水域とは、海洋法に関する国際連合条約（略称、国連海洋法条約）に基づいて設定される天然資源及び自然エネルギーに関する「主権的権利」、並びに人工島・施設の設置、環境保護・保全、海洋科学調査に関する「管轄権」がおよぶ水域のことを指す。主権的権利とは、この水域は沿岸国の領域ではないが、沿岸国はその水域に存在する天然資源を探査、開発、保存および管理する管轄権があり、その権利が排他的に他国に優先するということである。また、管轄権とは、平易にいえば、権限をもって支配できる権利ということである。

この条約により、海と陸の境界（基線）から200海里（１海里は1,852m なので約370km）までを排他的経済水域の境界と定めることが認められている。200海里よりも沖側に大陸棚縁辺のあることが認められれば、その範囲も排他的経済水域に加算される。図3.6に日本の領海、接続水域、排他的経済水域を示す。日本の領海面積は43万 km^2、領海の外側に設定した排他的経済水域の面積は約405万 km^2、延長大陸棚水域の面積は約18万 km^2 なので、日本の主権が及ぶ水域面積は466万 km^2 である。領土面積は約38万 km^2 なので、日本の主権が及ぶ水域面積は、国土の約12倍もある。

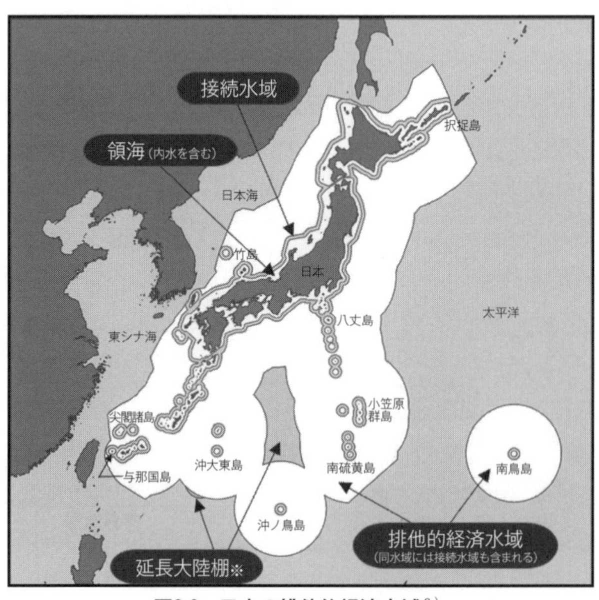

図3.6　日本の排他的経済水域[8)]

3.3　海のうごき

（1）大気と海洋の循環

地球の大気は太陽放射によって温められて運動する。大気の運動は、南北半球で赤道に対してほぼ対称であるので、ここでは北半球の現象で説明する。図3.7に大気の循環と地上風を示した。赤道付近で暖められた大気は上昇し、上空で極方向に向かう。この流れは北緯30度のあたりの上空で収束して下降し、地表を赤道方向に移動する。この循環をハドレー循環という。北緯30付近の地表に下降した流れのうちの一部は地表を北緯60度付近まで移動して収束し、上昇して上空で北緯30度の上空まで移動して、下降する。北緯鉛直方向にハドレー循環、フェレル循環、極循環の３つの大循環が南北半球ともにあり、この循環の効果による地表付近の空気の流れにコリオリ偏向が作用して、貿易風、偏西風、極偏東風となって吹いている。コリオリ偏向とは、地球の自転の影響で生じる見かけの力（コリオリ力という）による進行方向の偏向である。コリオリ力は、北半球では進行方向に対して右向きに作用し、南半球では左向きに作用するので、進行方向の偏向が生じる。これら貿易風などの表層風で海洋の表層は駆動され、海流が生じて表層大循環が形成されている。図3.8に示すように、例えば北太平洋の低緯度から中緯度では、北赤道海流、黒潮、黒潮続流、北太平洋海流、カリフォルニア海流による時計回り亜熱帯循環が形成されており、高緯度では反時計回りの亜寒帯循環が形

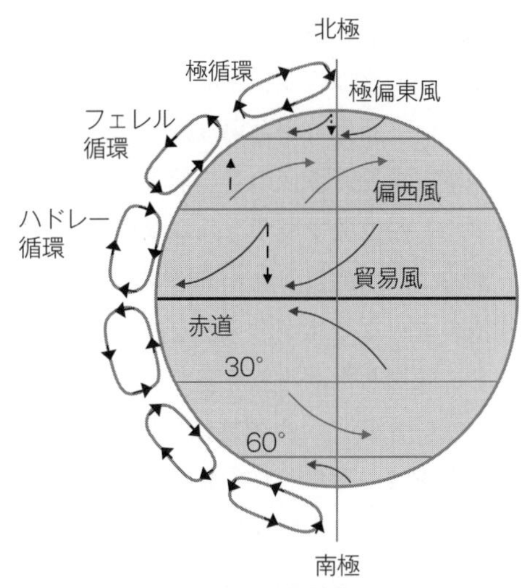

図3.7　大気の循環と地上風

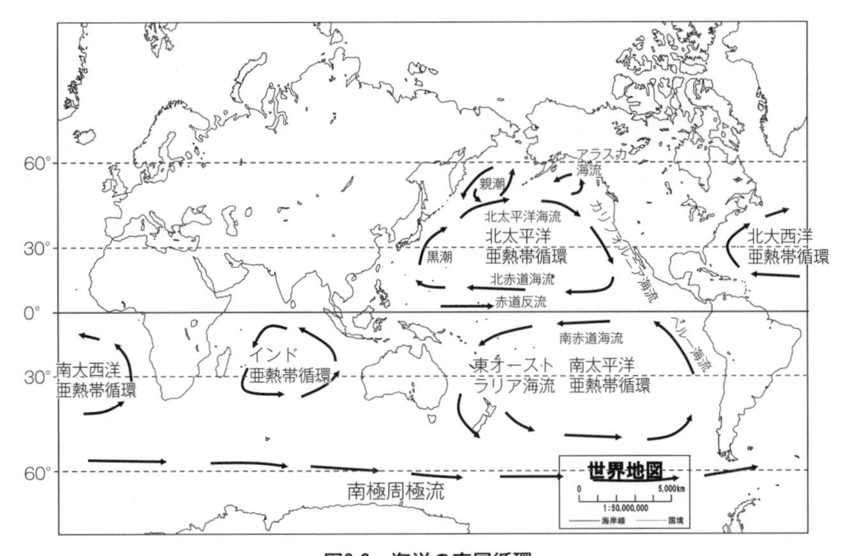

図3.8　海洋の表層循環

成されている。

（2）潮汐・潮位・潮流

地球と月と太陽の天体間力と地球の自転により、地球上の海面には高い部分と低い部分が生じる。この水面の変化が潮汐であり、満潮と干潮という潮位差が生じる。この潮位変動を天文潮といい、新月（朔という）や満月（望という）の日の前後の干満差が大きいときの潮位変動を大潮、上弦や下弦の日の前後の干満差が小さいときの潮位変動を小潮という。大潮の満潮位を平均した位置は朔望（さくぼう）平均満潮面、干潮位を平均した位置を朔望平均干潮面という。

潮汐は周期的に海面が昇降するので、その現象を波としてとらえて潮汐波ともいわれる。潮汐波のような変化が滑らかな波は、多くの周期の波の重ね合わせであると考えることができるので、観測した潮汐波を多くの周期の波に分けて、振幅の大きな周期の波の発生要因を調べることができる。この周期に分解することを調和解析といい、分解された個々の波を分潮という。潮汐波のそれぞれの分潮の要因は解明されており、振幅の大きな周期の波は4つに決まっており、これを主要4分潮という。

ある地点の潮汐波の調和解析で得られる主要4分潮の振幅和を、平均海面から差し引いた位置を略（ほぼ）最低低潮面あるいは最低水面といい、海図の水深の基準面（水深0mの面）である。また略最低低潮面と陸の交線は基線と呼ばれ、領海12海里や排他的経済水域の200海里を測る陸側の基準位置である。

ある海域における長期間の験潮記録（潮位の観測記録）を平均した海面の位置を、その海域の平均水面という。東京湾平均海面（Tokyo Peil、略してT.P.）は日本の標高の基準面であり、その零位はT.P. ± 0mと表される。この平均海面は、1873年（明治6年）6月に東京都中央区新川に設置された霊岸島量水標（現在の霊岸島水位観測所）において、1879年までの6年間で観測された平均水面（潮位）に基づいている。このときの平均水面は、霊岸島量水標の零位（A.P. ± 0m）より1.1344m高かったので、A.P.+1.1344mを東京湾平均海面（T.P. ± 0m）と定めた[9]。したがって、T.P. ± 0m ＝ A.P.+1.1344mである。このA.P. ± 0mの水面は、現在では荒川工事基準面として利用されている。また、測量の原点である日本水準原点は、東京湾平均海面よりも24.390mだけ高い位置にあるので、その標高はT.P.+24.390mと表される。主な潮位の関係を図3.9に示す。ところで、潮位を観測する施設には、検潮所、験潮場、験潮所という三種類があり、検潮所は高潮や津波の観測のための気象庁の施設、験潮場は平均海面等を観測するための国土地理

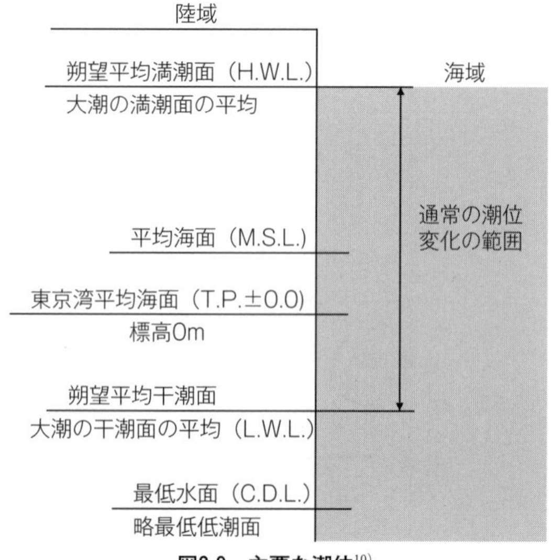

図3.9　主要な潮位[10]

院の施設、験潮所は航路の水深を確保するための水位を観測する海上保安庁海洋情報部の施設である。

潮汐波の伝搬により海水が流動する現象を潮流という。海峡などの陸に挟まれた海域を潮汐波が伝搬すると、流れが絞られるので流速の早い潮流、急潮が生じる。日本の 3 大急潮は、愛媛県来島海峡の時速19km、徳島県鳴門海峡の時速20km、山口県と福岡県の間の関門海峡の時速17km といわれており、多島海である瀬戸内海では潮流速度の速い海域が多く存在する。

(3) 波浪

風が吹くと海面にさざ波ができる。さらに風が吹き続けると波高は高くなる。風によって発達した波を風波（ふうは）といい、風が止まって伝搬する波をうねりという。風域での波の発生と発達からうねりの伝搬までの概念を図3.10に示した。風波とうねりを合わせて波浪という。台風時に陸岸に押し寄せる高波は、台風の強風域で発達している最中の波である。また、遠洋の風域で発達した風波が、風域を外れて陸岸に伝搬した波がうねりである。

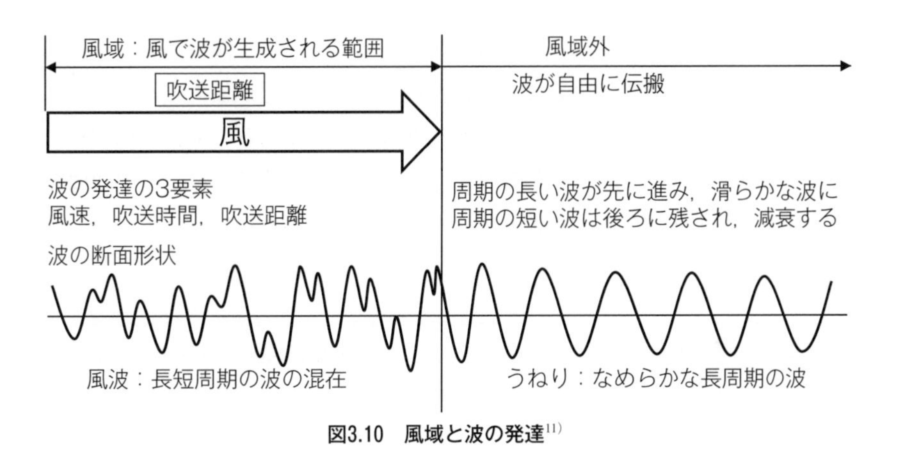

図3.10 風域と波の発達[11)]

(4) 波による流れ

海水は波の運動によって波の進行方向に少しずつ移動している。この海水の移動を質量輸送といい、その量は波高が高いほど多い。このため、波が海岸に向かって伝搬し波高が高くなるにしたがって、質量輸送は発達して流れのようになる。この質量輸送による岸向きの流れを向岸流ともいう。波は等深線に対して角度を有して入射すると屈折により波向を変えるので、向岸流も向きを変えつつ浅瀬に入射する。浅瀬では波の波高は徐々に増大し、水面の波形が保つことができなくなると砕波し、この時に波高が最大となるので質量輸送も最大となり、浅瀬の海水量が増えて水位が高くなり、水位の低い沖へ戻ろうとする。しかし、後続の質量輸送による向岸流に阻まれて戻れず岸に沿った方向に移動するようになる。この流れを特に沿岸流（並岸流）という。沿岸流によって輸送された海水もまた浅瀬にとどまることができないので、海底地形や波高分布の違いによって形成される沖に戻りやすい場所から戻り流れを生じさせる。この流れを離岸流という。図3.11に概略を示した質量輸送、向岸流、沿岸流、離岸流を海浜流系統あるいは海浜流という。

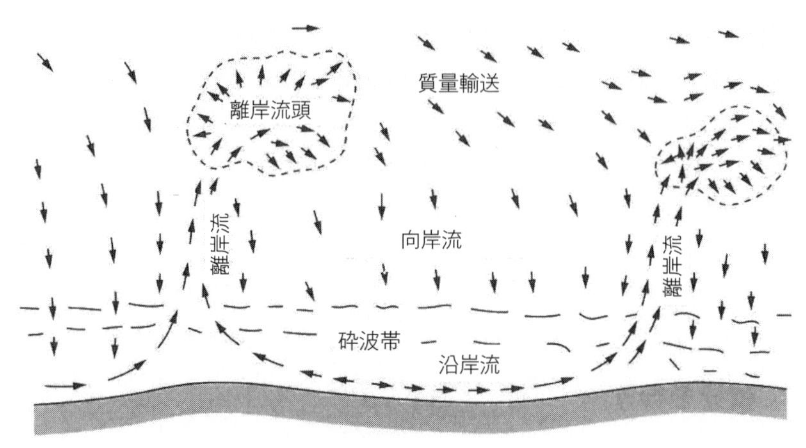

図3.11　海浜流系統[12)]

波が屈折しながら進行すると、同一の波峰線上であっても浅い水深に差し掛かった部分から砕波は順次生じる。この砕波の波峰線に連なる位置は、質量輸送が最大となり、最大の沿岸流が発生する位置である。一方、海の波の波高や周期は不規則であるので、それぞれの波によって砕波水深が異なり、波が砕波する位置は海岸にほぼ平行に帯状になり、この範囲を砕波帯という。したがって、砕波帯は強い沿岸流が発生している場である。

（５）海岸

日本の海岸線の総延長は約３万５千 km である。この距離は春分の日の満潮面と陸の交線の長さである。海岸は陸と海の接する場であり、崖地形や海浜地形がある。古来、海を背景にした風光明媚な景観の場として親しまれるが、海岸は海の猛威に接する場でもあり、周辺陸域は、台風による高潮と高波や津波による大きな被害を受けることも多い。一方、海岸は陸から海に向かって豊かな海岸生態系が形成されており、生息する生物は、岸沖方向に変化する環境に応じて成帯分布（帯状分布）をなしていることが多い。海岸の種類は構成する物質による呼

図3.12　砂浜海岸（ハワイ、ワイキキ）

図3.13　岩石海岸（千葉県、館山）

び名が一般的であり、泥浜（でいはま）海岸、砂浜海岸、礫浜（れきはま）海岸、岩石海岸、サンゴ砂海岸などである。図3.12と図3.13に砂浜海岸と岩石海岸を例示した。

3.4 海のめぐみ

（1）空間資源

広大な海洋空間を利用した洋上風力や波力によるエネルギーの獲得が注目されている。ウインドファームと呼ばれる洋上風力発電施設は、日本の周辺海域でも活発に進められている。図3.14に日本の洋上風力発電の事業海域を示した。洋上風力発電の導入ポテンシャルについては、経済産業省や環境省が、同程度の試算を示している。導入ポテンシャルとは「自然要因や法規制などの開発不可能地を除いて算出したエネルギー量」である。また、日本政府の「エネルギー基本計画」[13]では、再生可能エネルギーの主力電源化を徹底するとしており、洋上風力発電の加速化に取り組むとしている。風力発電施設は、沿岸の沖合2km程度の海域に設置され、建設中はもとより稼働開始後も沿岸の地域の協力が求められるので、その地域の活性化にも期待が寄せられている。

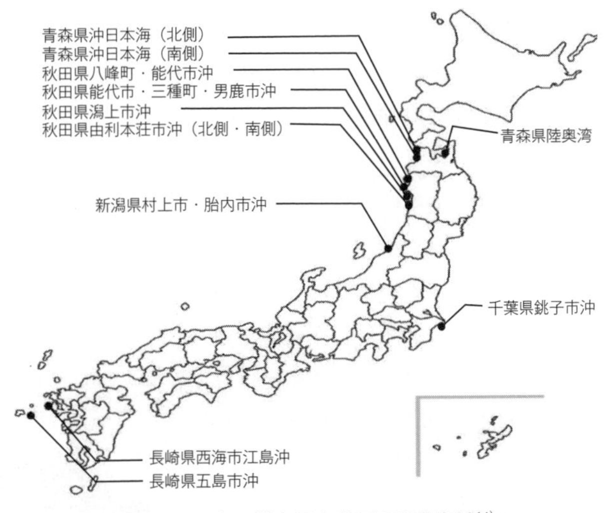

図3.14　日本の洋上風力発電の事業海域[14]

（2）生物資源

海で採取した魚介や海藻は、私たちの食事の材料となり食卓を賑わしている。日本では魚介からのタンパク質の摂取量は他国に比べて高い水準を保っている。図3.15に示したように、近年では、遠洋漁業は減少し、沖合や沿岸漁業が主になった。一方、資源保護の観点から養殖産業や加工産業が発達し、さらに新たな種類の海洋生物の食品化が研究されている。

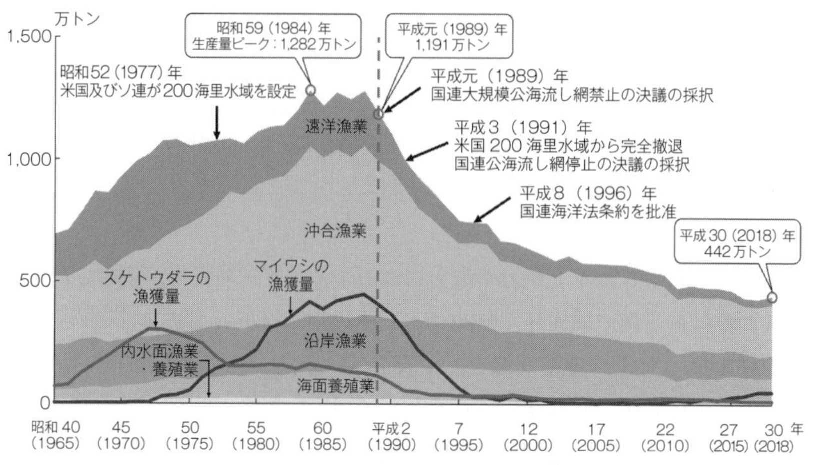

図3.15　日本の漁業生産量の推移[15)]

（3）溶存資源

地球上の水の97％は海水であり、その体積は13億5千万m³、淡水はわずか3％である。海水の溶質の99％は、塩化物、ナトリウム、マグネシウム、カルシウム、カリウムの各イオンである。これらの海水中の塩分は海域によって濃淡はあるが、塩分を構成するイオンの相対比率は一定という特徴がある。海水中の栄養塩は、生命に不可欠な窒素、リン、ケイ素の化合物である。海底に堆積した有機物が微生物により分解されて栄養塩となり、海底から海面に向かう流れ（湧昇流（ゆうしょう））によって海面付近に輸送されて、海藻や植物プランクトンの生育に利用され、食物網の形成を担っている。また、日本では、縄文の昔から海水で貝を煮て、塩分を摂っていた。したがって塩といえば岩塩ではなく、海水から製造する海塩であり、旧来より、海辺では塩田がつくられて製塩産業が興った。

一方、資源とは異なるが、海洋生物が生息する海水には気体を溶存しやすい性質があり、海洋の表層には、窒素、酸素、二酸化炭素などの気体が含まれている。その量は植物の呼吸や光合成と関係しており生物量に依存しつつ、海水は中性付近の弱アルカリ性を保ってきた。ただし、大気中の温室効果ガスである二酸化炭素の増加に伴い、現在では海水中への溶解量も増加し、海水の酸性化という環境影響の大きな要因になっている。

（4）表在資源

海底の地表面に存在する資源を表在資源という。河口域や浅海域に堆積する砂礫もその一種であり、建築・土木構造物の建設材料として採取されてきた。ただし現在では、採取による海岸侵食への影響に配慮して制限規制がなされている。公

図3.16　マンガン団塊[18)]

海の深海底には図3.16に示したマンガン団塊（断面）[16]やレアアース[17]が存在している。これらの採取は技術的に困難なことがあり、現在も効果的かつ効率的な採取方法の研究開発が進められている。

（5）埋在資源

海底の地中に存在する資源を埋在資源という。埋在資源の代表的な物質である石油や天然ガスの採鉱は、従来から盛んにおこなわれており、海底面下1,000mを超えるような地底の採鉱技術は既に高度に発展している。このような技術と共に、採鉱のために施設を搭載する海洋構造物の建設技術も発展し、耐風、耐波、耐氷のための構造技術、重力式構造、ジャケット式構造、浮体式構造などの構造形式が挙げられる。現在では、これらは海洋資源開発の技術にとどまることなく、海洋空間利用のための海洋建築の技術として応用されている。

埋在資源の多くは陸域から遠方の公海の海底下にあり、採鉱した物資の輸送のためには、洋上での中継基地の建設が望まれており、今後の開発が期待されている。一方、日本の周辺海域では、図3.17に示すようにメタンハイドレートの埋蔵が確認されており、その採鉱技術の開発が進められている。ただし、メタンガスは温室効果ガスであることが懸念されており、このガスの利用は今後の課題である。

図3.17　日本周辺のメタンハイドレートの分布[19]

3.5　陸と海のつながり

（1）陸から海への栄養

森林の土壌からの栄養塩が河川を経由して海に流れ込み、主に窒素、リン、カリウムが植物プランクトンや海藻類の成長に用いられる。適度に増殖した植物プランクトンは、動物プランクトンに捕食され、さらに魚介類がそれを捕食して高次の栄養段階に進み、その各段階の海洋生物を人間は水産資源として利用している。植物プランクトンや海藻は、光合成で葉緑素を使用して、無機物質を有機化合物に変換し、成長と繁殖のためのエネルギーを貯蔵する独立栄養生物といわれる１次生産者であり、生態系の基盤である。海洋では一次生産者を捕食した高次の消費者の死骸が海底でバクテリアによって分解され、栄養塩として湧昇流と共に浅瀬へ上昇して、再び植物プランクトンや海藻類の成長に用いられる。このように、栄養塩は、森林から海へ供給され、海の中で循環し、海洋生物の生息で消費されつつ、私たちの食生活を支える大本になっている。

砂浜海岸でも栄養塩が海に供給されている。砂浜海岸では植生が発達しており、この植生とそこに生息する生物に由来する栄養塩が地下水に浸透し、遡上帯（波が遡上する（のぼってくる）範囲）の砂面から海に浸出する。そのために引き潮の時には、波の遡上帯における栄養塩は高濃度になっていると考えられる。また、砂浜上の昆虫や小型生物の死骸は、波によって運ばれて海岸の生物に消費される。このように、海浜の植生と海との間の栄養塩などの物質の連続性も、生態系において重要である。

ところが、河川水に生活排水などが混入し、高濃度の窒素やリンが海に流れ込むと海水は富栄養化の状態になり、植物プランクトンが大量に発生して赤潮になる。この赤潮は魚介類の大量死を発生させて漁業の生産性を低下させる要因である。赤潮となった大量の植物プランクトンの死骸が海底に堆積し、これが分解される過程で海水中の酸素が消費されて、その海底付近には貧酸素の水塊が形成される。この水塊には硫化水素が含まれていて、これが湧昇流によって海面に現れると、青色に発色するので、この現象は青潮といわれる。青潮は貧酸素水塊であり、赤潮と同様に魚介類の大量死を招いて漁業に大きな被害を生じさせる。赤潮と青潮の要因は海水の富栄養化であり、窒素とリンの大量な海への流入を防止する対策が講じられている。

（2）陸から海への土砂

河川の流れによって山野や河岸から削られた土砂は、河川水に混濁して海に流れ込む。海に流れ込んだ土砂は、波や流れのよって移動して、粒径の違いによって堆積する場所が選定される。これは粒径が細かいと沈降する時間が長いために堆積しにくく、一方で粒径が粗いと沈降速度が速いので堆積しやすことによる。このために、波や流れの作用が強い海岸に漂着する土砂は粗粒分といわれる砂と礫である。一方で、粒径が細かい細粒分といわれる泥やシルトは、波や流れの作用が穏やかな海岸でゆっくりと沈殿する。

海岸に堆積した砂は、飛砂として海岸の陸側へ運ばれて幅広い砂浜を形成し、海水が作用しにくい範囲には植生が繁茂する。この植生は、前節で述べた栄養塩の遡上帯への供給に大きく貢献する。また、幅広い砂浜は、海水浴などのレジャーとしての利用の場であり、美しい景観を提供する要素であるとともに、高波の遡上を防ぐ防護機能も備えている。

ところが、近年、河川上流でのダムによる土砂のせき止めや河岸改修による河川への土砂流入の減少により、陸から海への土砂の流入が減少している。また漁港などでの構造物より土砂の移動の阻害が生じている。これらが大きな要因となって海岸侵食が進展し、多くの砂浜海岸の浜幅が減少して、砂浜が持つ防護、環境、利用の効果が低下している。そのために、海岸侵食対策として、侵食した海岸に人工的に砂を投入（養浜という）し、さらにその砂を安定させるための構造物を構築する対策が取られているが、侵食された海岸の環境を回復するには長い期間が必要である。

（3）陸から海への汚染

陸上で生じる排水には、生活排水、農業排水、畜産排水、水産排水、産業排水があり、これらは人間の活動に由来する有機性物質を大量に含んでいるので、有機性排水ともいう。これらが河川を通じて最終的にたどり着くのが海である。生活排水の影響については富栄養化の要因として前述したが、農業排水も化学肥料を混濁しているので、同様な影響がある。畜産排水は、主に近傍の河川水の水質悪化が問題であるが、水産排水は、過密養殖などによる餌の残存物質が富栄養化の要因になる。産業排水では、油類、ヘドロ類、ダイオキシンやPCB（ポリ塩化ビフェニル）、トリクロロエチレン、水銀、カドミウムなどの化合物が排出されることがある。これらの化合物は生物濃縮されて人間やほかの生物に影響を与える。

また、廃プラスチックは海洋環境下で分解しないため、袋状や網状のプラスチックは、魚類や海洋生物の飲み込みや絡みつきによって、生物の生命を奪う危険がある。廃プラスチックが海洋環境中で破砕されて細粒化してマイクロプラスチック（5 mm以下の小片）となると、魚介類や海洋生物は容易に口腔から体内へ取り込むので、窒息や未消化によって死に至る健康被害を起こす。さらに細分化したナノプラスチック（1/1000mm以下の微細片）は、人間を含む動物に対して、消化管から体内に入り込む可能性とそれによる健康影響が懸念されている。このように、廃プラスチックによる影響は重大な問題である。

一方で、これらに対して、環境基本法に基づいて水質汚濁に関する環境基準[20)]が定められており、人の健康の保護に関する環境基準と生活環境の保全に関する環境基準がある。この生活環境保全に関する環境基準における海洋関連の事項では、水域類型として河川と海域に関する基準が示されている。また、海洋汚染等及び海上災害の防止に関する法律[21)]では、船舶や海洋施設からの油排出の規制とその対策を規定している。また水質汚濁防止法[22)]では工場や事業場から排出される物質について種類ごとに排水基準が定められている。しかし、閉鎖性水域では富栄養化による赤潮の発生が続いており、海域ではタンカーの事故等による油汚染や産業廃棄物による汚濁が生じている。このように環境汚染は現在でも多発しており、これらの解消に向けた努力が必要である。

おわりに

本章では、海の特徴を、広さ、地形地質、資源、動態などから解説することを目的とした。そして、海洋建築物の建設の場としての海洋を理解するために、海と陸のつながりとして、陸と海底の地形のつながり、海洋のつながりをはじめに解説し、つぎに海洋と人間のつながりとして、海のうごき、海洋資源、さらに環境との共生にかかわる事項を解説した。

陸と海底の地形のつながりでは、日本の横断地形の特徴、日本周辺のプレートの動きと地震や火山の活動、海底の表層地形と沿岸地質のかかわりを述べた。つぎに、海のつながりでは、海の広さと特徴による海洋の名称、排他的経済水域の定義と日本国に管轄する領域、海水の性質を述べた。そして、海洋建築の設計条件として重要となる海洋の動きでは、大気と海洋の循環、潮汐・潮位、波浪、海浜流、海岸について述べた。続いて、海洋開発に関わる海洋資源を海のめぐみとして、空間資源、生物資源、溶存資源、表在資源、埋在資源として述べ、最後に、海洋建築の環境共生にかかわる事項とし、陸から海への栄養の輸送、陸から海への土砂の輸送、陸から海への汚染を解説した。以上は概説であるが、海洋建築を学ぶための基礎知識として役立てば幸いである。

第4章
海の特性と環境圧

Marine Characteristics and Marine Environmental Pressures

居駒 知樹

はじめに

海は癒しの場と災害をもたらす危険な場という2つの顔をもつ。海という物理的な環境は海水と大気でつくられるが、大気の動き、すなわち風によって波がつくられ、その両者が人や建築物等の構造物に作用する。このような海環境は陸上のそれとは異なる。陸上には地形的な起伏があるだけでなく、一般的には多くの建築物やインフラを構成する構造物が存在し、地表の大気がそれらの影響を受けて物理環境がつくられる。都市部のヒートアイランド現象はアスファルトなどの地表への熱の蓄積と輻射や冷房の室外機から排出される熱などの影響で現れる。海では、大量の海水が存在することで局所的なスケールからメソスケールまで、さらには海によって地球規模での環境がつくられる。これらの海の物理的環境や現象そのものについて第3章で解説された。

本章では海の特性を海からもたらさせる環境圧という観点で整理した。ここでいう環境圧とは海が人にもたらす外的影響と、海洋建築物などの構造物に外力として作用する波や風などの影響のことである。

4.1　人間の五感に関する環境圧

(1) 熱

陸地と比べて海の比熱は大きいため、その上に存在する空気（大気）の温度変化は海上の方が小さい。その意味からは海上は陸上よりも気温が安定していて人間にとっては過ごしやすい環境である。実際に臨海部の方が山々に囲まれた盆地よりも一日のそして年間の気温差が小さいのが一般的である。大陸の砂漠における一日の気温差（日較差）はやはり大きく、夏に摂氏40度以上の気温になる砂漠気候であるにもかかわらず冬季の夜間の気温が摂氏で一桁あるいは場合によっては氷点下まで下がることもあり、年間の気温差（年較差）が極めて大きくなることが分かる。これは海から遠いという理由だけではなく、大気中の水分、すなわち湿度の影響も大きい。砂漠では地表に比熱の大きな水が存在しないだけではなく、大気中の水分も少ないために大気そのものの比熱も小さいことが、気温差が大きくなるひとつの理由である。逆に海上にあっては一般的に適度な、あるいは人間にとっては十分以上の湿度があることと、地表である海そのものの温度がほとんど変化しないために日較差も年較差も比較的小さい。

ところで、人間が熱（冷たい状態を含む）を感じるのは五感のうちの触覚であると一般的には説明されるようである。生理学的には、触覚とは痛覚や温度覚といった数多くある体性感覚のひとつと説明できる。触覚は「五感」という言葉に直接含まれる唯一の皮膚感覚（表在感覚）であるために、五感の中の触覚として熱を感じる、としばしば表現されるのだと思われる。

気温の感じ方の表現としては寒い、涼しい、暖かい、暑い［野本菊雄、1992］と4つあり、涼しいと暖かいの間に「どちらでもない」というニュートラルな状態があるといえる。エネルギーとしての熱は熱量で表現されるため、冷たい状態を含めて冷熱という表現がある。ここでは人間の温度覚の話であるので、これ以降は必要なければ熱ではなく温度という表現を用いる。人間が寒くも暑くもなく、「ちょうどよい」と感じている状態では体内でつくられる熱量と体外へ放出される熱量が同程度でバランスしている。人間が室内で快適な温熱環境をつくるためには生理的かつ人間工学的にこのバランス状態を保ちやすい状態をつくる必要がある。気温が高くなると体内の熱の放出が間に合わなくなるし、高湿環境では汗の蒸発が遅くなるために熱の放出が追い付かなくなり不快さや暑さを感じる。これは建築環境工学の温熱環境の基本事項であり、ISO7730-2005などが参照される。海上・沿岸の建築物や各種施設においてもこのような温熱環境が考慮される必要があるが、そもそも海上の熱環境が陸上のそれとは異なることを考慮する必要がある。

海やその上の高湿な大気は比熱が大きく、陸上よりもむしろ気温差は小さい。しかしながら、気温差が小さければ人間にとっての温熱環境が快適ということではない。平均気温が高すぎるとか低すぎる場合はもちろん、人間が生理的に快適だと感じる範囲はそれほど広くない。また、温度換算される幾つかの指標のパラメータとして気温を始め、相対湿度（通常我々が湿度といっているもの）と通風状態とか風速が用いられる。体感温度と呼ばれる指標や環境省や厚生労働省が熱中症対策として推奨しているWBGT（湿球黒球温度）がそれである。例えば気象庁などが用いる体感温度では、摂氏30度を超えた状態では、風速が1.0m/s増すごとに体感温度が1℃下がるし、湿度が10%低下することで体感温度はやはり1℃下がる。緯度を含めた気候帯の特性にもよるが、基本的に海上の湿度は高い。特に夏季は海水温が相対的に上昇していることと外気温が高くなっているために海水の蒸発によって湿度が上昇する。人にとっては体感温度を上げる要因となり得る。一方で海上は陸上よりも風が強いといわれる。その理由は海面の波以外に地形的な起伏がないことと建物などの構造物もないために表面粗度が極めて小さくなり、風が地表での摩擦等によって弱まることがないからである。また同様の理由で風速分布が空間的に乱れることが少なく結果としてやはり風速が低下しない。地表面の粗度が小さいことは風のエネルギー損失が小さいことになり、粗度の大きな陸上よりも平均風速が大きくなることも説明できる。風速が大きければ体感温度は下がる傾向にある。これらの理由から陸上に比べて海上では体感温度は下がるのが一般的である。また、前出のWBGTを気象庁の常時観測データから推定するために提案され、環境省も予報に用いている小野らの式［小野雅司、登内道彦、2014］から、風速10m/sで0.57℃ほどWBGTを下げる方に作用することが分かる。そして、同じ気温のときに湿度が60％から80％に上昇することによってWBGTは0.74℃ほど増加する。つまり湿度の上昇の影響の方が大きい。しかしながら気温1℃の差は約0.74℃だけWBGTに寄与することから、少なくとも都市型の気温となる都市部と比較すれば海辺や海上の方がWBGTによる温度指数は良い方向に評価される場合が増えそうである。このことは、一般的に夏場でも海や海辺は涼しいといわれることを本指標で客観的に説明しただけであり、海上における温熱環境を評価する方法ではないことを断っておく。

海においては体感や快適性が陸上よりも良くなる可能性を説明したが、後に解説するように風が強風となれば快適とは言っていられなくなる。また、遮蔽物の少ない海辺や海上においては間接的に大気から受ける体感の熱とは別に直射日光による輻射熱の影響を無視できない。遮るものが何もない海上や海辺と種々のそれらが存在する陸上との差は直射日光による日焼けの程度の違いから想像できる。

熱とは別のことになるが、海辺や海上における屋内の温熱環境を考える際は陸上のそれと同じような指標が参考になるが、湿度の条件が異なることに留意するべきである。先にもふれたように湿度が高くなる要因は海上であるがゆえに避けられない。除湿機能は生理的に快適な屋内環境をつくることだけに留まらず、構造部材などの腐食を防ぐことにもなる。例えば一部がジャケット工法で建造された羽田空港のD滑走路である。上部デッキ構造部分のカバープレートで閉じられた内部には除湿システムが採用［風野裕明、関口太郎、阪上精希、片山能輔、藤川敬人、佐藤弘隆、2010］されており、内部の結露などによる鋼材の腐食を防ぐ工夫がなされている。海面からの水蒸気によって高湿環境が形成されるためであり、構造部材にとっては腐食環境に、そして人間にとっては不快な温熱環境の要因となるわけである。

（2）音

海の音で代表的なのは波の音である。強風が吹く海辺や海上では自分自身をあるいは周辺に構造物があればそれらを風が切る音が主たる音源になり、恐怖感さえ覚えるかもしれない。そのような状況での波の音も当然ながら大きいことは想像に易しく、同様に恐怖感を覚えるであろう。一方で波の音はリラクゼーション用の音源に使われている。一般に波の音は1/fゆらぎの特性を持っているといわれる。これは海で直接耳に入ってくる波の音の音圧変動がピンクノイズの特性をもっていることによる。パワースペクトル特性がピンクノイズであることと1/fゆらぎ特性をもつことは同じである。ここで、ピンクノイズとはパワーが周波数の大きさに反比例する雑音（信号）である。波の音は砕波によって発生していると考えられる。砕波は波高が高くなり波傾斜が大きくなれば沖合でも発生する。一般的には水深が浅くなる海岸で、波の浅水変形によって徐々に波傾斜が大きくなることで波頭が尖ることで波が砕ける。砕波する波の大小はその場での波の波高や波周期と水深で決まるため、一度砕波した後に、さらに浅い場所で小さな砕波が発生することもある。つまり、海岸に立って聞こえてくる波の音の音源は横方向の広がりだけでなく、沖方向にも広がっている。これらの音源についての音響パワーの時系列の再現方法は［灘岡和夫、徳見敏夫、1988］らによって検討されている。波の音圧変動は

1/f ゆらぎ特性を持つが、波の音響パワー、つまり音の大きさの時間変動についてはむしろリズム性がある場合があり1/f ゆらぎにはならない。しかしながら、このリズム性が人にとっての快さになるとも［灘岡和夫、徳見敏夫、1988］らによって報告されている。

いずれにせよ、適度な音圧レベルの通常の波の音は人をリラックスさせる。そして音源そのものの音の大きさの大小（音響パワー）の変動がリズミカルであるときに快さに影響している。波らしい音として認識する際も音響パワーのリズム性が重要である。

波の可聴音や超音波の範囲での人の感じ方、人体への影響については［川西利昌、堀田健治、2017］らが、多くの実験結果を整理しながらまとめている。

（3）光

晴天下の海は太陽光を遮蔽するような構造物がなければ非常に明るい。直射日光の輝度が強いということは同様に日光に含まれる紫外線や赤外線も他の場所と比べれば強いことになる。

太陽光のうちで可視光は空間を明るくするだけでなく、極めて魅力的な空間をも演出する。日の出や日没の様子を水平線に臨む景観は一般に魅力的である。しかしながら、魅力的な景観とは逆に眩しさになることもある。太陽高度が高いときには想像できるような眩しさであるが、日の出や日没に近い時間帯で太陽高度が低いときには、サングリッターと呼ばれる海面反射光が心理的、生理的に人間に影響を及ぼすことが知られている。リゾートホテルやレストラン計画におけるオーシャン・ビューの演出には眩しさに対する配慮も重要である。

太陽光には紫外線も含まれる。紫外線量は太陽高度によって異なるが基本的には直射日光による紫外線被爆の影響が最も強い。

（4）臭い

海では「潮の香り」や「磯の香り」と呼ばれる匂いがある。それらの匂いで海を臭覚で感じることもある反面、それが強すぎればいやな臭いと感じられる。人が磯の香りとして感じるにおいはトリメチルアミンやジメチルスルフィドが原因となっている。トリメチルアミンは魚類などの生臭さのもとでもあるし、腐敗臭にもなる。悪臭防止法の対象にもなっている有機化合物である。一方のジメチルスルフィドは海洋プランクトンから発生されられる有機硫黄化合物である。海苔の香りにもなる物質であるが、量が多すぎると強い磯の香りとなり、臭気として感じることもある。

このような匂いの元は豊富な栄養塩による植物プランクトンとそれを捕食する動物プランクトンが多く、大量に発生することでほどよい香りから臭気へ変わっていく。また、豊富な海洋プランクトンの存在は魚類にとって都合がよく、魚類が多いほど臭気の原因となるトリエチルアミンが増えることになる。

日本の海と比べて南国のきれいな海ではいやな海の臭いが少ないと思う場合が多いはずである。透明できれいな（に見える）海水は栄養塩が多くなく、前述した臭いのもととなるプランクトンや魚類がほどほどの量に抑えられているとも言える。

4.2 心理的な環境圧

(1) 海洋恐怖症

多くの種類の恐怖症が存在するが、海に対する恐怖症がある。海洋恐怖症（Thalassophobia）といわれ、その原因や恐怖の対象は様々である。

海そのもの広大さ、そして深さを含めたボリュームはそれがどれほどなのか、深さでいえばどこまで深いのか、深いほど暗くて見えないという不確かさがあり、それらを人は認識する。このような不確かさに対して人は進化の過程で本能的にリスクを感じるようになってきている［Anderson, 2022］。心理的には、その見えない場所から何かが現れる、引き込まれるなどの感覚をもつことで恐怖心をもつようになるといわれる。

陸から沖へ遠く離れた場所に滞在することを想像すると、海そのものへの恐怖感とは別に孤立感からくる恐怖感を覚えることもある。世界には石油生産などのための洋上プラットフォームに長期間滞在する人々がいる。周辺の景色の変化はほとんどなく、その場所から逃げられないという心理が働くこともある。これは陸から桟橋程度で海上に出るのとは全く異なる心理状態となることが容易に想像できる。

洋上風力発電開発が進むと思われる今日、メンテナンス作業のために沖合の風車タワーに上がって数時間滞在する場合の心理的なストレスが問題になっていく可能性がある。海上作業者はプロであるが、洋上風力発電の維持管理を担う人材はこれから育成されていくからである。

一方で、海洋療法（Thalassotherapy）があり、「海辺で潮風や日光を浴びたり、新鮮な海水、海藻などの海洋資源を利用したりして、人間が本来有している自然治癒力を活かしながら、新進の機能や病気を治療する療法」［川西利昌、堀田健治、2017］である。先に述べた波の音の効果などもあり、海や海環境の身体的、心理的影響は様々であることを理解する必要がある。

(2) 荒天時の恐怖感

荒天時には強風とそれに伴う音が恐怖心を仰ぐ。荒天時の海辺に立てば、それに加えて激しい波浪が視覚的に認識されるし、その波が風を切ったり砕けたりするときの凄まじい音を認識する。それが恐怖心を仰ぐ。これを沖合で体験するならば、水深の浅い沿岸で波が砕波するよりもはるかに大きな波浪を視認する。視覚的にも音としても恐怖心が大きくなることは容易に想像できる。さらに、それを海上の構造物から眺めているならば、大きな波浪による波荷重で固定された構造物でさえも揺れるほどに大きく振動する。浮体式の構造物であればその揺れ方はプロの作業員でさえも作業を継続できないほどである。過去にこのような体験をした一般人は、潜在的に先述した海洋恐怖症になっている場合も考えられる。

4.3 物理的な環境圧

(1) 高波・津波

海洋波には海上風によってつくり出される波浪をはじめ、低気圧による海面上昇に起因する高潮や海底断層地震や海底地滑りによって発生する津波等がある。海洋建築物を海辺や海上に設計する際には海洋波の影響を考慮する必要がある。海洋波は直接的に海洋建築物に波荷重として作用して、それらの建築物・構造物にダメージを与える。波荷重はときには衝撃荷重という形でも作用する。

海洋建築物や海洋構造物の設計では沖合になるほど波浪が直接影響する。湾内を含めた沿岸の浅海域では高潮と波浪が重なることで増大した水位変動が大きな波荷重として作用することになる。2011年3月11日の東日本大震災時に発生した巨大津波は極めて特殊で発生確率も低い。浅海域に設計される建築物等の構造物に対しては津波よりもむしろ高潮が考慮されることが一般的である。例えば東京湾内では想定される大規模な津波よりも高潮による最大潮位の方が高い。

このように湾内では波浪よりもむしろ高潮そのものの被害に備えるために、いわゆる高潮被害へ最も大きな警戒をしていた。これに伴い、港湾構造物の設計では高潮による最大潮位に対応した設計が行われてきた。令和元年9月に来襲した台風9号により東京湾では横浜港を中心に想定されていた以上の高波により護岸の損壊や浸水、防風により船舶の走錨よる漂流によって橋梁へ衝突するなどの被害が発生した。一般的に使われる波浪の予測以上に大きな高波が発生したことによる被害だと認定されその後、国土交通省港湾局は高潮だけでなく、想定外の高波に対する対策を港湾構造物の設計や港湾計画に反映させるためのガイドラインを作成した。このガイドラインは令和2年5月に「港湾の事業継続計画策定ガイドライン（改訂版）」として発行［国土交通省港湾局、2020］された。

対象とする海域により設計に考慮すべき海洋波は異なることを理解する必要がある。津波に対しては東北地方太平洋沖地震による大津波を教訓にし、その後に中央防災会議はレベル1津波およびレベル2津波を設定した。レベル1津波は最大クラスの津波に比べて発生頻度は高く、津波高は低いものの大きな被害をもたらす津波である。レベル2津波については、発生頻度は低いものの発生すれば甚大な被害をもたらす最大クラスの津波と定義されている。この経緯は想定外の津波が発生することがあるとのことから、発生の再現期間を1000年に一度だけ来襲するかもしれない津波をレベル2とした。しかし、実際にはレベル2を上回る津波まで考慮してもよいのではないかという過去の中央防災会議での議論［内閣府、2013］もある。

（2）強風

海上における風を海上風という。海上風は陸上風と比較すると乱れが小さく、風速も大きい。陸上には建物などの構造物があるだけでなく、地形的にも起伏があるといえる。これらの地表面が突きだしたり凹んだりすることで、その上を通過する風が乱れることになる。これは地表面の粗度が大きいと表現される。地表面の粗度が大きいとは表面摩擦が大きいということでもあり、風のエネルギーが散逸する。結果として風速は小さくなる。地表面の粗度が小さな海上では安定した風が吹く。ここで、粗度とは表面の粗さのことである。

風は次式のように高度が高くなるほど風速が上がる。表面粗度の影響はαで表現され、風速の鉛直分布はこのαをべき指数とする関数となる。これを図示したのが図4.1である。

建築基準法における風荷重の取り扱いでは風圧力が用いられる。(4-1) 式では標高 0 m で風速も 0 となってしまうため、z = 10m から 0 m までは z = 10m の値が適用される。ただし、このことは適用する法規や設計基準による。

$$V(z) = V_{10}\left(\frac{z}{10}\right)^{\alpha}$$

$$\left(\alpha = \frac{1}{10} \sim \frac{1}{7}\right) \qquad (4\text{-}1)$$

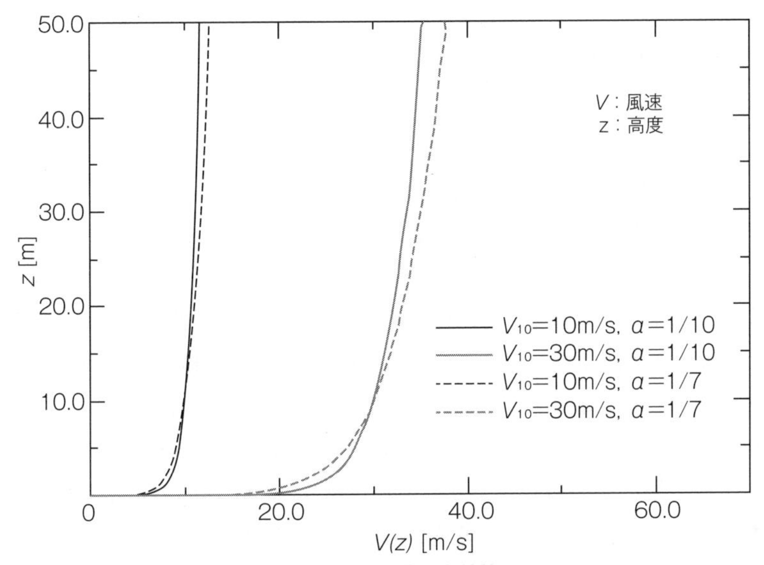

図4.1　風速鉛直分布特性

海洋建築物や海洋構造物の設計においては波浪などの波荷重だけでなく風荷重も無視できない。空気の密度は水のおよそ1/800である。風荷重は風速の 2 乗に比例する。また、そのパワーやエネルギーは風速の 3 乗に比例する。船舶や浮体式の海洋建築物は波浪によって動揺するし、波浪によって定常的に押される荷重も作用する。しかしながら、強風中では定常的な風荷重によって浮体が押される影響の方が一般的に大きい。この強力な海上風のパワーを効率的に活用するのが洋上風力発電である。強風は構造物に直接作用するだけでなく、巨大な波浪をつくり出す。大きな波浪が大きな波荷重を生む。強風そのものは風荷重としの作用だけでなく、渦励振による細長構造体の振動を誘起する場合があり、疲労などのダメージを与えたり、大きな振動による構造体の崩壊をもたらしたりすこともある。船舶や浮体式構造物の係留システムの設計では波浪荷重とは別に、強風の影響を無視することはできない。

台風を除けば季節性の強風の特性がある。日本列島では冬季に北西の風が恒常的に強くなる。この影響を直接受けるのが日本海側である。地域的には北海道の西側と津軽海峡を通って秋田までの風が極めて強い。このことは洋上風力発電開発のために整備された風況マップ

［NEDO, 2019］からも読み取れる。冬の日本海全域に大陸から吹き付ける北西の強風による大きな波もつくり出される。これが日本海の荒波である。

海上風は風荷重として作用するだけでなく、沿岸に堆積する砂を飛ばす。このような現象を飛砂という。飛砂により砂浜の形は変わり、内陸へも影響し、人の生活環境を脅かすこともある。さらに、構造物の耐久性や人々の生活に直接影響を与える海塩粒子を飛ばすのも風である。潮風で済んでいるうちは時に心地よさや地域特性として許容されるが、強風によって内陸まで海塩粒子が飛ぶことで構造部材の腐食の原因にもなり得る。海塩粒子に含まれる塩化物イオンが鋼材表面に傷をつけることが腐食の原因となる。

（3）振動や動揺

海洋建築物や構造物は波浪などの海洋波や海上風による風荷重によって、固定された構造体であっても振動による揺れが発生するし、浮いていれば動揺が発生する。この振動や動揺は構造部材に応力を発生させるだけでなく、人体へも影響する。人体へのこれらの影響を人は加速度で感じ取るのが一般的である。

海洋建築物や構造物が海底に固定されて造られた場合は陸上のそれらと同じように地震の影響を地盤から直接受けて揺れる。また、台風時のような大きな波浪ではもちろんのこと、通常であっても少し大きな波浪であっても、特に鋼製の構造物では振動を感じることがある。この揺れは一般的に振動と表現される。ここで述べた振動は波浪の周期で振動するということではなく、振動を誘起する波が衝撃的（その程度が小さくとも）に作用することでインパルス応答的な応答が発生することによる。このときの振動周期は構造体の固有周期が顕著に現れる。そのためコンクリート製の硬い構造体よりも柔軟な鋼製の構造体の方が振動を感じやすい。一方、浮体式の建築物等の構造物のうち規模が比較的小さい場合には構造物の変形による振動は顕著には見られず、むしろ剛体運動としての揺れが発生する。浮体の剛体運動は6自由度で表現される。すなわち、前後揺（Surge）、左右揺（Sway）、上下揺（Heave）、縦揺（Pitch）、横揺（Roll）、船首揺（Yaw）である。波浪の波周期の範囲は一般的に3、4秒から20秒程度である。波スペクトルとしてはもっと広い範囲で分布するが、風によって発生し、人体や構造物の設計に顕著に影響する範囲としてはこの程度である。別途、長周期波と呼ばれる波が存在するが、ここでは触れない。台風時の有義波周期は8～9秒程度である。この範囲の波周期の波浪が、その海域の水深に対応した波の長さ、すなわち波長で構造物に入射して振動や動揺を誘起する。構造物が極端に柔軟であるか、あるいは平面規模に対して縦曲げ剛性が相対的に小さいときには剛体としての運動よりも弾性変形が卓越する。このときの弾性振動の周期は入射する波周期に対応する。平べったい平面規模が大きなメガフロートのような構造体では比較的短周期の波に対しても弾性変形が発生する。ただし波高が小さければ入射する波浪の波傾斜が小さく、変形する浮体表面の変形による曲率も極めて小さい。人が揺れを感じるとすれば、自身がいる場所での鉛直運動だけだといえる。

動揺や振動を人がどのように感じるかはその加速度で決まる。この加速度の大小で、快適な居住環境が保たれているのかどうかの居住性から、作業の可否についての作業性などの評価が行われる。作業性とは一般に、専門の作業を行う動揺環境に慣れた人が、動揺下でどの程度作業しづらくなる、あるいはできなくなるかの程度であり、居住性としては船酔いをするあるいはしないなどの指標となる。前述したような波周期で揺れるときに、人は水平加速度と鉛直加速度を感じる。横揺れや縦揺れによる回転運動をしている中にあっても、水平加速度と鉛直加速度が合わさった状態を感じているはずである。加速度は波周期に対応する波周波数（具体的には波の角周波数の二乗）と揺れている振幅の積で決まる。波周期が長い場合には揺れ幅が大きくないと揺れを感じず、短周期の揺れではその幅が小さくとも加速度が大きくなる。

居住性や作業性を加速度で評価することについては、ISO10137をはじめ、建築物内での振動の評価についてはISO2631-2や6897の規格がある。固定式の構造物における居住性は日本建築学会では「建築物の振動に関する居住性能評価指針・同解説［日本建築学会、2004］を、浮体式については野口［野口憲一、1996］［野口憲一、平常時の歩行支障に関する実験研究　人間の行動性に基づいた浮遊式海洋建築物の動揺評価に関する研究　その１、1994］がまとめたものを［日本建築学会、海洋建築の計画・設計指針、2015］で指針として用いており、［川西利昌、堀田健治、2017］でも紹介している。動揺の人体への影響は加速度で評価されるが、構造物を構成する部材への変動荷重（内部応力）としても作用するので、振動や動揺は海洋建築物の設計では重要な項目となる。

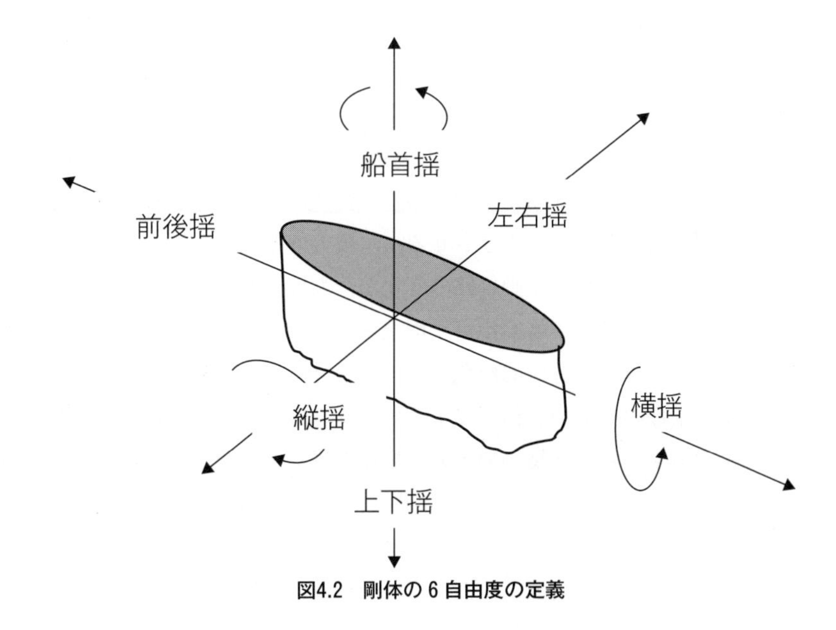

図4.2　剛体の６自由度の定義

おわりに

本章では海という特殊な環境が人に与える心理的・感覚的な外的要因とそのときの人の状態を解説した。さらに、波や風などの特性とそれらが外力として海洋建築物に作用した結果として人に与える影響を居住性などの観点から解説した。快適な海の環境はときに人や海洋建築物にとって非常に厳しいものとなる場合があることを理解することが重要である。次章では海の環境が海洋建築物や構造物に物理的に与える外的要因の詳細と災害事例を解説していく。

第5章
海からの脅威

Effects of Natural Threats from Ocean

小林 昭男

本章のねらい：前章における環境圧としての物理的、心理的な要因を、災害な観点から実現象と結び付けて解説し、強風、高潮・高波、津波、塩害、飛砂、海岸侵食に関する要因、被災事例、対策を理解目標とする。

キーワード：強風、建築物荷重指針・同解、高潮・高波、津波、海岸保全施設、飛砂、海岸侵食、漂砂

はじめに

海洋は私たちにとって、広い空間としての建築利用やレジャーなどの憩いの場を提供している。しかし、その一方で、自然の猛威が存在する場でもあるので、海洋建築としての利用においては、その脅威を熟知しておく必要がある。海洋建築物にとっての海からの脅威は、比較的頻繁に襲来する台風、頻度は低いが甚大な被害を生じさせる地震と津波、継続的に作用して徐々に建築物にダメージを与える飛塩や飛砂がある。台風は、強風による風害と降雨による災害の要因であり、強風は高潮と高波を生じさせる浸水被害の要因である。現在、日本では、気候変動により台風の規模の巨大化や移動経路の変化が、大災害をもたらしている。一方で、発生頻度は高くはないが、地震は建築物の損傷や倒壊を招き、津波は浸水被害や建築物の倒壊・流出を生じさせる。地震や津波は突発的な発生で、生命財産を奪い甚大な被害を及ぼす現象である。さらに、飛塩や飛砂の継続的な作用による建築物への塩害や汚損被害をもたらし、設計時に留意しながらも放置すると建築物への重大な損傷を招く。また、海岸付近では波の作用によって海岸地形に変化が生じ、特に砂浜では、砂浜幅の極端な減少や増大が生じて、生態環境、利用や国土保全に大きな影響が生じている。本章では、海からの脅威として、台風や低気圧による強風、強風による高潮・高波、津波、飛塩や飛砂、海岸侵食について、それらの現象の要因と建築物に与える影響を解説する。

5.1　強風と風害

(1) 強風の要因

強風による被害は、塩風による被害とともに風害といわれる。強風は、台風や大気の不安定現象が主な要因で生じ、その現象には、台風、竜巻、ダウンバーストなどがある。台風は、熱

帯の海上で発生した低気圧（熱帯低気圧）のうちで最大風速が17m/s 以上の低気圧の呼び名である[1]。台風による風の強さは、台風の中心気圧と台風周辺の気圧の差に関係する。大気の圧力差を気圧傾度といい、風速が早くなるのは気圧傾度が大きいときである。気圧傾度は、2点間の圧力差ΔPと距離lの比$\Delta P/l$で表される。すなわち、気圧傾度の大きさは、天気図の等圧線の間隔lが狭いほど大きくなり、強い風が吹く。従って、風速は中心気圧の低さのみでは決まらないので、台風の大きさは強風の範囲の広さで表される。強風の範囲は、風速が15m/s 以上の風域の広さで表される。風の流れは、図5.1に示すように、気圧傾度力（気圧傾度÷密度）とコリオリ力が釣り合った方向に進む。台風の場合は、気圧傾度力による風は台風の中心に向かうが、この流れにコリオリ力が作用して右向き偏向するので、釣り合った風の流れ、すなわち台風のときの地上付近の風の流れは、上空から見て反時計回りに吹く。また、一般に台風の進む方向に対して右側の風域では、台風の風に台風が進むことによる風が合わさるので風は強くなり、左側では進行方向と台風の風が逆になるので、風は少し弱くなる。

台風や低気圧、寒冷前線の通過などによって、上空に冷気、地上に湿った暖気があると上昇気流と下降気流の対流が生じて積乱雲が発達する[2]。竜巻は、発達した積乱雲による強い上昇気流によって生じる局地的な激しい大気の渦巻である[3]。一方、ダウンバーストは、発達した積乱雲から吹き降ろす下降気流が地表に衝突して水平に噴き出す激しい空気の流れである。

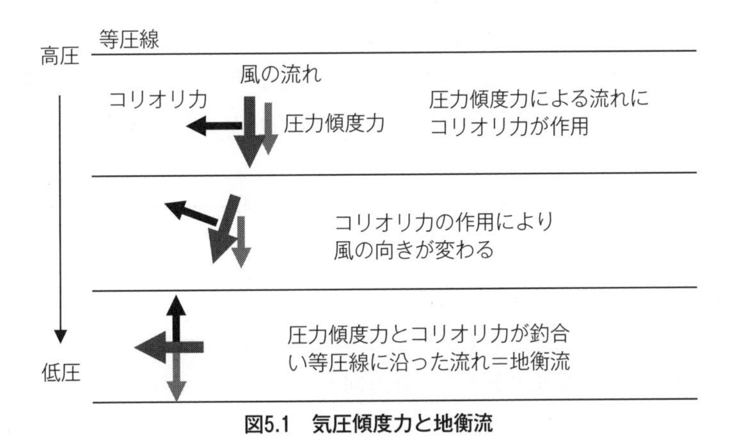

図5.1　気圧傾度力と地衡流

（2）風害の事例

建築物に対する強風災害は、強風による建築物の倒壊、窓ガラスの破損、瓦などの屋根材や外装材の吹き飛び、屋根自体の吹き飛び、塀の倒壊、仮設物の倒壊などが挙げられる。特に強風による飛来物による建築被害では、窓ガラスの破損による建物内部の風圧力の増加によって、建物の崩壊や屋根の吹き飛びが生じることがある。図5.2は暴風によって塔屋の屋根と窓が飛ばされた災害の状況である。

図5.2　2019年９月台風15号の強風による風害

（３）建築の風害対策

建築物の強風対策は、耐風設計[4)]により行われ、屋根葺き材や外壁材及び屋外に面する帳壁（以下、屋根等）の構造方法と、構造計算に用いる荷重の計算方法が規定されている。屋根等の構造方法は、建築基準法施行令（以下、施行令）第39条第２項と建設省告示（以下、告示）109号に規定されており、構造耐力上主要な部分や屋根等に作用する荷重や屋根等の構造計算の方法については、施行令第82条５と告示第1458号、および施行令第87条に規定されている。また、建築物荷重指針・同解説（日本建築学会、2015年改訂）には、建築物の構造骨組を設計する場合の水平風荷重と屋根風荷重、建築物の外装材を設計する場合の風荷重の算定方法が与えられている。

建築基準法では風による荷重を風圧力と呼び、風圧力は風を受ける面の形や面積（受圧面積）、風速、風向、高さ方向の風速の分布に関係する。設計に用いる風速は、地域ごとに基準風速が定められており、季節、風向、地表面からの高さ方向の速度分布に応じて算出することとしている[5)]。高さ方向の風速分布は、地表面の状態によって異なるので、海面のような表面が平坦で障害物がない地域から都市化が著しい地域までを表5.1に示す５つ（Ⅰ～Ⅴ）に区分している。建築敷地と都市計画区域の関係、建築物の高さ、海岸線からの距離応じてこれらの区分が適用され、小地形による速度の増加も考慮するものとしている。この各粗度に応じた風速の鉛直分布を表す係数の高さ方向の分布を図5.3に示す。

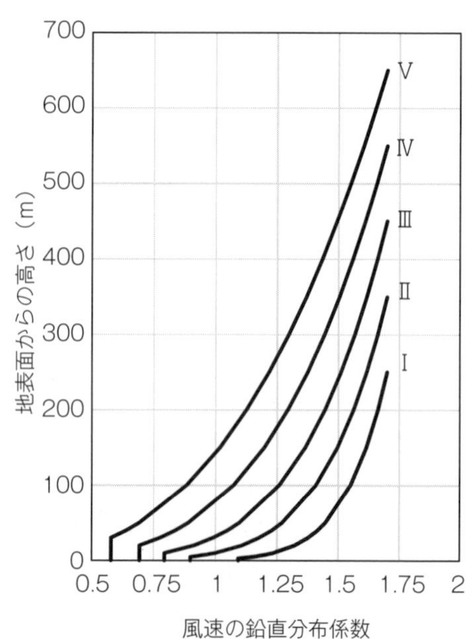

図5.3　地表面の粗度と風速の鉛直分布係数

表5.1　建築物荷重指針・同解説の地表面粗度区分[5)]

地表面粗度区分		建築地および風上側地域の地表面の状況
滑	Ⅰ	海面または湖面のようなほとんど障害のない地域
↑	Ⅱ	田園地帯や草原のような農作物程度の障害物がある地域、樹木・低層建築物が散在する地域
	Ⅲ	樹木・低層建築物が多数存在する地域、あるいは中層建築物（４～９階）が散在している地域
↓	Ⅳ	中層建築物（４～９階）が主となる市街地
粗	Ⅴ	構造建築物（10階以上）が密集する市街地

5.2　高潮・高波と浸水被害

（１）高潮の要因

高潮は、台風などによる気圧低下と強風により海岸付近の水位が上昇する現象であり、常時の海面からの上昇量を高潮偏差という。水位上昇の要因は、気圧の低下による海面の上昇、風により海水が海岸付近に吹き寄せられることによる海面の上昇、強風により生じた高波が砕波することによる海面の上昇（ウエーブセットアップ：wave set-upといわれる）である。

気圧の低下による水位の上昇は、大気圧で下方に押されていた海面が、気圧低下により上昇する現象である。気圧低下量をΔP(hPa)とし、これが作用する範囲の面積をA(m^2)、海面の上昇量をd(m)、水の密度をρ(kg/m^3)とすると、$A\Delta P = \rho gAd$であるので、気圧変化による海面の上昇量は、$d = \Delta P/\rho g$となり、この関係からは、気圧が1 hPa低下すると水面は約1 cm上昇することになる。このように気圧の低下による海面の上昇は気圧低下量に比例する。また風の吹寄せによる海面上昇量は、風速Wの2乗に比例し、ウエーブセットアップは、砕波波高（波が崩れるときの波高）H_bに比例する。このような関係から、高潮偏差は、観測値の基づいた回帰式として次式で求めることができる[6)]。

$$\eta = \mathrm{a}(P_0 - P) + bW^2\cos\theta + cH_b$$

あるいは、cH_bをまとめてcとして

$$\eta = \mathrm{a}(P_0 - P) + bW^2\cos\theta + c$$

ここで、右辺第1項は気圧低下による海面上昇、第2項は風の吹き寄せによる海面上昇、第3項はwave setupによる海面上昇を表しており、a、b、cは過去の高潮データを用いた回帰式で与えられる係数、ηは高潮の潮位偏差（cm）、P_0は基準気圧（1,010hPa）、Pは最低気圧（hPa）、Wは10分間平均風速の最大値（m/s）、θは湾軸と最大風速Wの風向のなす角度である。

（２）高波の要因

風のエネルギーが海面に伝搬し続けると、さざ波のような小さな波から徐々に波高を増大させる。このように風の作用で波高が増大することを波の発達という。風速の速い風すなわちエネルギーの大きい風が、広い範囲（風域あるいは吹送距離という）で、長時間にわたって吹き続ける（吹送時間という）と、波は発達して波高は増大するので、風速、吹送距離、吹送時間

を波の発達の 3 要素という（図3.10参照）。台風の強風域では、この条件が満たされるので高波が生じる。そして強風域内では、発達しはじめの波高の低い波と、発達途中や発達した波が混在し、周期の長い波や短い波が混在する。このような風域内の波を風波あるいは風浪という。波の基本的な性質を表すパラメータに、波高 H と周期 L の比 H/L があり、これを波形勾配という。海域の水深が波長の半分よりも深い海では、周期が規則的な波の理論によれば、$H/L = 1/7$ になると波は砕波する。風浪は周期が不規則な波が混在しているが、この関係はほぼ成り立つ。

海上を移動する強風域で発達した風浪は、強風域の移動と共に浅海域から海岸に伝搬する。波の基本的な性質では、波長 L はその波の周期 T と波が伝搬する海域の水深 h に関係しており、水深 h が浅いと波長 L は短くなる。海域の水深が波長の半分よりも浅い海では、砕波は $H/L = 1/7$ よりも大きな値で砕波し、この海域でも砕波しない波でも、波高が水深の0.7～0.8になる海域に伝播すると砕波する。風浪は多くの波高と周期の波を含んでおり、それぞれの波がこれらの条件になれば個々に砕波するので、海岸付近では波が砕波する場所は帯状になるので、砕波帯といわれる。この砕波帯で生じる水位上昇がウエーブセットアップである。個々の波のエネルギーは砕波するときに最大となり、強い波力が生じる。

（3）高潮・高波による災害

台風の移動に伴い海岸域では高潮によって海面が上昇し、その高まった海面上を高波が伝搬するので、海岸域や標高が低い位置の海岸後背域では、浸水被害が生じる可能性がある。また、海岸域の構造物は砕波の作用によって大きな衝撃力が作用するので、損傷や破壊が生じる可能性がある。図5.4は被災した護岸である。特に護岸や胸壁で保全されている海岸後背域では、気候変動による台風の巨大化により、既往の高潮・高波対策として設計された防潮堤や胸壁を波が超えること（越波、越流）が懸念されるため、対策が必要になっている。

図5.4　高潮・高波と海岸侵食による護岸の損傷

（4）建築物の高潮・高波対策

建築物の高潮・高波による浸水被害対策には、海岸からの海水の浸入を防ぐための防護施設（海岸保全施設という）を建設する方法、建築物の建設位置の地盤高を嵩上げする方法、建築物に浸水対策をほどこす方法がある。

海岸保全施設は、高潮・高波によって海水が陸域に侵入しないような高さの壁体構造物、すなわち防潮堤や胸壁を建設する方法である。防潮堤は海岸の陸側に高潮、高波や津波の浸水を防ぐための堤防であり、胸壁は防潮堤と目的は同じであるが港の陸端に設けられる堤防であ

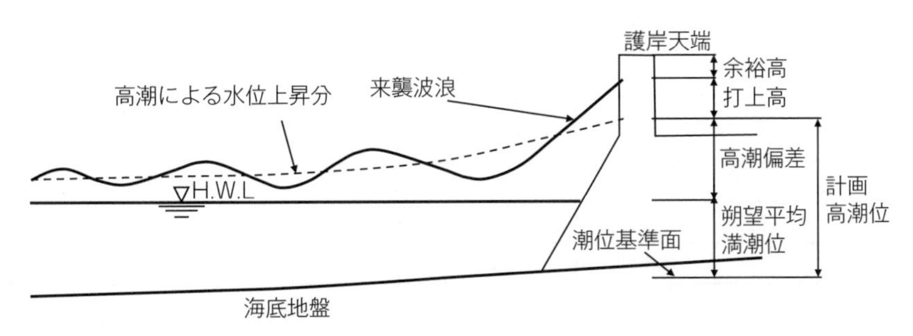

図5.5　高潮・高波に対する防護水準

る。ここで、防潮堤や胸壁の天端高は、図5.5に示したように、朔望平均満潮位（大潮の満潮位の平均値）を基準にして、これに高潮偏差（高潮による水位上昇分）と高波の作用高を加えた高さを基本とし、さらに今後の気候変動などに配慮した余裕高を加えた高さが設定される。この構造物によれば、海からの浸水被害は生じ難いが、降雨による河川水位上昇には、河川堤防、排水機場による水位制御や分水嶺による防護が必要になる。

一方で、防潮堤などの海岸保全施設の天端高を低く抑えて、建築物建設位置の地盤高を嵩上（かさあ）げする方法があり、地域ぐるみで嵩上げを行っている地区がある。また、建築物の１階部分に壁を設けず柱のみとして外部空間と同様とし、２階以上の床の高さを浸水深以上にしたピロティー形式とする対策方法もある。これらの対策には、海岸保全施設を越流して浸水する深さを予測する数値シミュレーションが必要になるが、近年では、市町村が浸水マップを備えている。

（５）台風による被害

ここで、日本に大きな被害を与えた台風の例を表5.2に示す[7)]。表中の台風は、昭和時代に死者・行方不明者数が1,000人を超えた台風と、平成時代に死者・行方不明者数が40人を超えた台風を取り上げている。この表からは、従来は９月に来襲した台風が大きな被害をもたらしていることがわかる。しかし、近年は気候変動の影響で、従来と異なる進路による過去に経験していない被害の発生や、暴風による風害、異常な降水量による水害が顕著になっており、台風の発生時期も従来と異なり、９月に限らず台風が発生・襲来する傾向がある。

表5.2　日本に大きな被害を与えた台風

台風名称・番号	死傷者・行方不明数（人）	建築被害		上陸・最接近年月日
		一部倒壊・半壊・全壊戸数（棟）	床上・床下浸水家屋総数（棟）	
室戸台風＊1	18,030	92,740	401,157	昭和９（1934）年９月21日
枕崎台風＊1	6,208	89,839	273,888	昭和20（1945）年９月17日
カスリーン台風＊1	3,477	9,298	384,743	昭和22（1947）年９月15日
洞爺丸台風＊2（昭和29年台風第15号）	3,362	207,542	103,533	昭和29（1954）年９月26日
狩野川台風＊2（昭和33年台風第22号）	2,407	16,743	521,715	昭和33（1958）年９月26日
伊勢湾台風＊2（昭和34年台風第15号）	44,019	833,965	363,611	昭和34（1959）年９月26日
平成２年台風第19号＊1	171	16541	18183	平成２（1990）年９月19日
平成３年台風第19号＊1	1561	170447	22965	平成３（1991）年９月27日
平成５年台風第13号＊2	444	1784 一部倒壊不詳	3770 床下浸水不詳	平成５（1993）年９月３日
平成16年台風第18号＊2	1,445	64,993	21,086	平成16（2004）年９月７日
平成16年台風第23号＊2	819	21,350	54,347	平成16（2004）年10月20日
平成23年台風第12号＊2	211	4,008	22,094	平成23（2011）年９月３日
平成25年台風第26号＊2	173	1,094	6,142	平成25（2013）年10月16日
令和元年東日本台風（第19号）＊2	494	66,383	29,872	令和元（2019）年10月12日

＊1　理科年表による
＊2　消防白書による（ただし、耕地及び船舶の被害は理科年表による）
気象庁：https://www.jma.go.jp/jma/kishou/know/typhoon/6-1.html を参考に作成

5.3　津波と災害

（1）津波の要因

津波は、プレートの沈み込み帯で生じるプレートのずれによる海底の隆起、海底谷の土砂崩壊、氷山の崩壊、火山の噴火によって生じる。日本近海には、日本海溝、伊豆・小笠原海溝、相模トラフ、南海トラフというプレートの沈み込み帯がある。例えば太平洋プレートは北米プレートに沈み込んでいるが、太平洋プレートに引きずられて日本海溝付近で歪んだ北米プレートが、何らかの理由によって元の方向に跳ね返るために海面の盛り上がりが生じる。この海面変動が、波として海域を伝搬する現象が津波であり、浅海域に達すると波高を高め、段波の様相で海岸域に達して陸域を遡上し、標高の低い海岸後背域に大被害をもたらす現象である。近年の研究では、海溝付近の急斜面での海底の崩落がさらに津波高さを助長することが知られており、東北地方太平洋沖地震では、この現象が伴ったために、予測以上の高さの津波の来襲となったといわれている。

（2）津波被害の事例

東北地方太平洋沖地震は、2011年３月11日14時46分頃に発生した日本観測史上最大規模の地震（マグニチュード9.0）であり、震源は、三陸沖の宮城県牡鹿半島の東南東130km付近、深さ約24kmとされている[8]。この津波の高さは、気象庁検潮所観測記録によれば、福島県相馬では9.3m以上、岩手県宮古で8.5m以上、大船渡で8.0m以上、宮城県石巻市鮎川で7.6m以上、港湾技術研究所の記録によれば、宮城県女川漁港で14.8mの津波痕跡も確認されている[7]。図5.6のように東北地方沿岸の建築物や港湾・漁港施設は、津波の波力と遡上により甚大な被害を受けた。

図5.6　東日本大震災での津波被害

この津波災害を契機に、農林水産省・国土交通省は「設計津波の水位の設定方法等について」（2011年７月８日）を示し、中央防災会議は「東北地方太平洋沖地震を教訓とした地震・津波対策に関する専門調査会報告」（2011年９月28日）を示して、津波対策を構築するための想定津波と対策の考え方を提示した。これらにより、今後に想定する津波は、頻度の高い津波（レベル１津波）と最大クラス津波（レベル２津波）として分けられ、それらの津波の頻度と防災対策の要求性能は、表5.3のとおりである。

表5.3　津波の種類と対策の要求性能

種類	津波の発生頻度	対策の要求性能
レベル１津波	比較的発生頻度が高い津波 概ね数十年から百数十年に１回程度で発生する津波	人命保護に加え、住民財産の保護、地域の経済活動の安定化、効率的な生産拠点の確保の観点から、海岸保全施設等を整備
レベル２津波	発生頻度は極めて低い津波 概ね数百年から千年に１回程度の頻度で発生し、影響が甚大な最大クラスの津波	被害の最小化を主眼とする「減災」の考え方に基づき、住民等の生命を守ることを最優先とし、住民等の避難を軸に、海岸保全施設等のハード対策とハザードマップの整備等のソフト対策という取りうる手段を尽くした総合的な津波対策を確立

（3）建築の津波対策

レベル１津波やレベル２津波の高さは、検討する対象の海岸において、過去に記録された津波

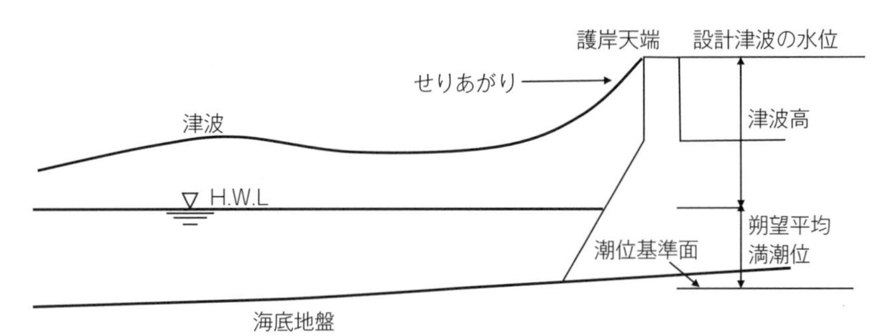

図5.7　津波の防護水準の設定

の高さや、過去に発生した地震による津波の高さのシミュレーション結果を整理し、その頻度に応じて襲来する最大の津波高さを設定している。この方法によりレベル１津波については、海岸保全基本計画において対象海岸ごとに、図5.7に示したように朔望平均満潮位のときに津波が襲来したときの高さを防護水準として設定している（護岸や堤防がある場合には津波のせり上がり高さも考慮）。また、レベル２津波についても各海岸において津波高さや浸水深と浸水域が提示されている。

レベル１津波に対しては、生命や財産は防護水準を満たす防潮堤や胸壁（図5.8)、護岸によって守られるが、堤防や護岸の設置ではなく、津波による浸水に対して、建築物の設置地盤を高くする地盤の嵩上げ対策（図5.9）や、建築物と堤防を一体化した防護を行う事例もある。

一方、レベル２津波に対しては、海岸保全基本計画の防護水準を上回る津波であるので、レベル１津波対応の対策では不十分である。そこで、建築物や構造物などの諸施設には強靭化が求められ、浸水による被害を最低限にする計画・構造の工夫が必要になる。例えば、配電施設、コンピュータのサーバーの高層階への設置など、津波襲来後の継続的な利用を可能にすることが考えられる。さらに、市民の避難対策としては、高層建築物の津波避難ビルとしての利用や、避難タワー、築山などの避難施設を整備することも必要である。特に市民の避難に関しては、高所への避難を第一と考えるべきであり、浸水の危険性を示すハザードマップと、高台や避難施設への経路を明確に示した避難マップの市民への周知が重要である。

建築物を設計する際に重要となる津波波力については、東日本大震災の津波被害を教訓にして「建築物荷重指針・同解説」（日本建築学会、2015年改訂）に算定方法が加えられた。この

図5.8　防潮堤

図5.9　地盤の嵩上げ工事

指針では、津波の先端部による衝撃荷重と非先端部における流れによる荷重、静水時の浮力、開口部による波力の低減、漂流物による荷重の算定方法が示されている。さらに、同指針では、耐津波設計において留意すべきこととして、地震動による損傷を考慮すること、津波による建築物周辺の洗掘に留意することが挙げられている。

また、レベル1津波、レベル2津波に関わらず、港湾や漁港の事業施設は胸壁などの防護施設の海側にあるので、津波による浸水被害は免れない。そのため、「港湾の津波避難施設の設計ガイドライン」（国土交通省、2013年）が策定されており、避難施設の設計手順、要件と規模、作用荷重などについて、設計方法が示されている。また、浸水被害を受けながらも事業継続が可能となる対策を講じる必要があり、そのために国土交通省港湾局は「港湾の事業継続計画策定ガイドライン」（2015年3月）を策定している。

5.4　塩風と塩害

（1）塩害の要因

塩風は、海岸付近での波の砕波による海水の飛沫や、その飛沫が破裂して残された海塩粒子が混合した風である。塩風により運ばれる塩分量は、図5.10に示したように海岸線からの距離と共に急激に減少するが、波高が高いほど多いので[9]、台風など高波浪時には強風とともに海岸後背域まで及ぶことがある。また、塩風中の塩分量は、海岸の地形や護岸などの海岸保全施設の種類によっても異なる。構造物や生活に及ぼす害を塩害といい、その被害程度から推定される影響の大きい範囲は、海岸線から100～200mの範囲であり、その範囲から1～2kmが影響範囲と考えることができる。

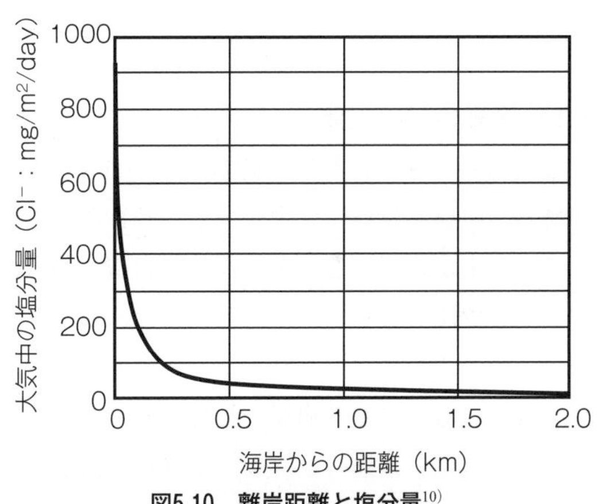

図5.10　離岸距離と塩分量[10]

（2）塩害の事例

建築物に対する塩害には、建築物の屋外の手すりや階段の発錆、鉄筋コンクリート中の鉄筋の発錆、家電の屋外機器の発錆などある。図5.11に示すように鋼材は水と酸素があると腐食する。ただし、コンクリートは強アルカリ性であり、鉄筋の表面には不導体被膜といわれる防護膜が形成されているので、すぐには腐食することはない。しかし海水や海塩粒子がひび割れなどから侵入すると、塩化物イオンが不導体被膜を破壊するので、図5.12のように直ちに錆が発生する。鋼材や鉄筋の錆は、鋼材から鉄イオンを分離させて表面に浮き上がって形成される物質であり、そのために鋼材の断面積が減少する（図5.12）。したがって、設計した構造耐力が減少することになるので、安全性に問題が生じる。また、鋼材や鉄筋コンクリート中の鉄筋の

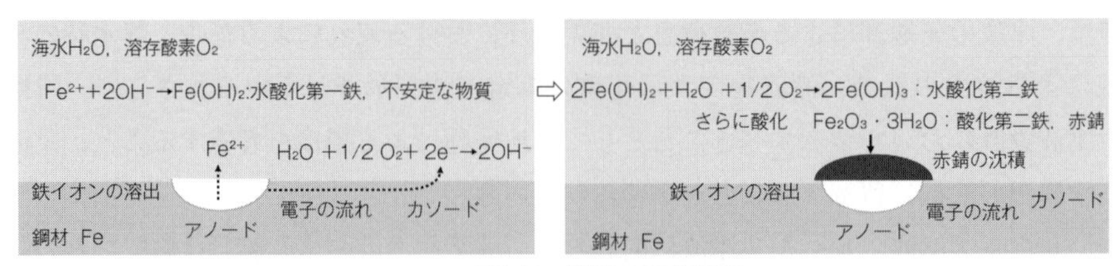

図5.11　鉄筋の腐食過程

錆は、降雨によって建築物の表面に流れ出るので、汚損の要因にもなる。

生活に対する塩害には、塩分が送電線の接合箇所に付着することで生じる停電があり、日常生活や交通機関の運航に支障を与える。また、洗濯物などの室外での干し物、内装材や室内物品などへの海塩の付着により、快適さを損なうことがある。

図5.12　塩害による鉄筋の腐食

（3）建築の塩害対策

建築物の発錆防止対策は防食といわれ、鋼構造物の場合の防食方法[11]には、被覆防食、電気防食、耐腐食材料の使用がある。被覆防食は、鋼材の表面を有機材料や無機材料により被覆して、海塩が作用しないような状況を造る防食方法である。有機材料にはエポキシ樹脂やポリエチレン樹脂などが用いられる。また、無機材料には耐海水性ステンレス鋼やチタンなどの金属と、モルタルやコンクリートなどの非金属が用いられる。鉄筋コンクリート構造の鉄筋に用いられているエポキシ樹脂の被覆を施したエポキシ樹脂塗装鉄筋（図5.13）も被覆防食である。

電気防食は、鉄筋コンクリート構造や海水中の鋼材料に用いられる防食方法であり、鋼材料に電流を通して腐食しない電位まで変化させる方法である。通電する方法には、表5.4のように流電陽極法と外部電源法がある。流電陽極法は、防食される金属よりも低い電位をもつ腐食しやすい金属（アルミニウムや亜鉛）を取付け、両者の電位差で通電する方法である。外部電源法は、鋼材料に耐久性の高い不溶性の金属（チタンや白金）を設置して、両者間に直流電圧を印加する方法である。

鋼材の耐食性材料には、耐候性鋼と耐海水性鋼がある。耐候性鋼は鋼材の表面に発生する錆の進展が時間の経過とともに抑制される特徴を有する鋼材であり、表面の被覆なしで長期間使用できる鋼材である。ただし、海洋環境で耐候性鋼材を塗装や被覆をせずに用いる場合には、飛来塩分量に

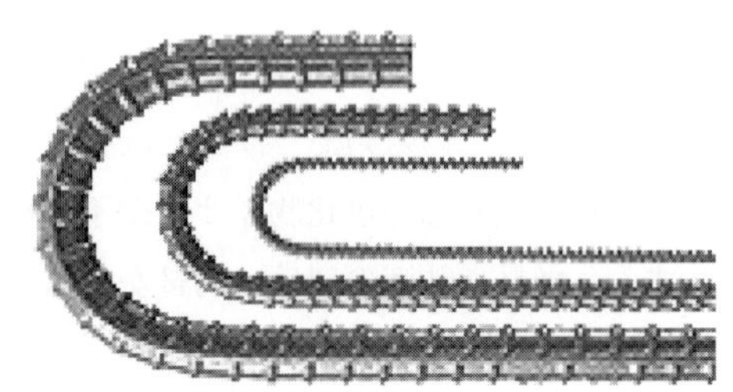
図5.13　エポキシ樹脂鉄筋[12]

表5.4 電気防食の原理

方式	流電陽極方式	外部電源方式
特徴	電解質中にある被防食体よりも低電位な金属陽極（流電陽極、犠牲陽極）を、電気的に接続して防食する方法	耐久性電極（耐久性陽極）から電解質を通して被防食体表面に防食電流を供給して防食する方法
陽極	犠牲陽極：アルミニウム、亜鉛	耐久性陽極：白金、チタン
概念図	被防食鋼材 犠牲陽極	直流電源装置 − + 被防食鋼材 耐久性陽極

基づく適用範囲に留意する必要がある[13)]。耐海水性鋼は、海洋環境下における耐食性の高い鋼材であり、腐食速度は普通鋼の1/2である[14)]。しかし、これらの鋼材料は耐食性には優れているものの、塩害の厳しい海洋環境下では、積極的な防食方法との併用が必要と考えられる。

5.5 飛砂害

(1) 飛砂の要因

飛砂は、海岸に堆積して乾燥した砂が風によって飛ぶ現象である。飛砂が生じる岸沖方向の範囲は、海岸の波打ち際から海岸端部までの全範囲であるので、波の遡上帯からの砂浜幅が広い海岸ほど飛砂は生じやすい。また、砂の粒径が細かいほど飛びやすく、海から陸に向かう卓越風によって輸送されて強風の場合には海岸域を超えて海岸後背域に輸送されることも多い。図5.14に示したように、飛砂が堆積すると小高い丘が形成され、その形状は卓越風向に依存して、図5.15に示した海岸に平行な砂丘（九十九里浜）や、図5.16に示した風下に向かって海岸に鈍角に突き出した砂丘列（中田島砂丘）[15)] などがある。飛砂による砂丘の形成は、高波や津波による浸水被害の低減効果がある。また、砂丘上での海浜植物繁茂や砂丘背後（陸側）での海岸林の植林により、飛砂量は減少する。

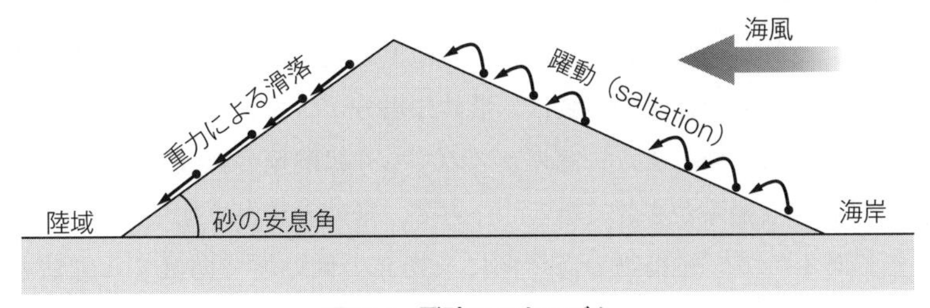

図5.14 飛砂のメカニズム

図5.15　九十九里浜の人工砂丘

図5.16　中田島砂丘（星上幸良氏撮影）

（２）飛砂害の事例

飛砂による被害を飛砂害といい、海岸付近の建築物への被害には、建築敷地内への堆積、建築物外装への付着による汚損がある。海岸域の建築物は、砂丘や浜堤あるいは段丘上に建設されることが多いが、飛砂がこれらの斜面に沿って移動し、図5.17のように建築物の敷地内に流れ込んで堆積することがある。飛砂は建築物への汚損ばかりではなく、細粒であるので滑りやすく危険なために清掃が必要になる。また、図5.18のように、飛砂による砂丘の発達により砂丘背後の建築物が埋没することもある。さらに、建築物の周辺施設では、側溝の埋没による排水障害や、道路や遊歩道への堆積による交通障害もある。

図5.17　飛砂の敷地内への堆積

図5.18　飛砂による建築物の埋没

（３）建築の飛砂対策

飛砂害の低減には、海浜の植生繁茂、砂丘上の植生繁茂、海岸林の植林が効果的であるが、飛来した飛砂により汚損した建築の外装は、飛砂に塩分が含まれていることもあるので、防錆上は水による洗浄が望ましい。また、窓ガラスのくもりは眺望の妨げにもなるので、ホテルなどの観光施設では頻繁な掃除が必要になる。一方で、飛砂の量が卓越する鉛直方向の高さは、30cm程度までであるので、建築物の海岸側に天端高の低い塀で防護する方法もある。ただし、塀の前面には飛砂が堆積するので、堆積砂が塀の天端を越える前に砂の除去作業が必要になる。また、細粒の砂が多いほど飛砂量は多くなるので、海岸侵食対策などで人工的に海岸に砂を投入する場合には、細粒分の少ない砂を用いるか、投入砂の粒度を調整して細粒分を少なくする工夫が考えられる。ただし、細粒分の少ない砂を探すことは困難であり、粒度の調整はコストの増加につながることは否めない。

5.6 海岸侵食と防災機能低下

(1) 海岸侵食の要因

砂浜海岸の侵食の要因[16]は、土砂収支の不均衡の発生、砂浜への土地利用の拡大、海面上昇による砂浜幅の減少に大別される。土砂収支とは、海岸に流入する土砂量と流出する土砂量の差分のことである。流入量が流出量を上回れば堆積傾向、両者が等しければ安定、流入量が流出量を下回れば侵食傾向になる。流入量が流出量を下回る要因には、かつては海岸に流入していた土砂量が、ダム建設や河川改修により減少することや、海食崖の浸食防止による土砂量の減少（土砂供給量の減少)、図5.19および図5.20に示すように、港湾や漁港などに付帯する構造物を海岸から沖側に突き出して建設し、海岸を移動する土砂のせき止め（沿岸漂砂阻止）や土砂の移動方向を変えること（遮蔽域形成）などである。

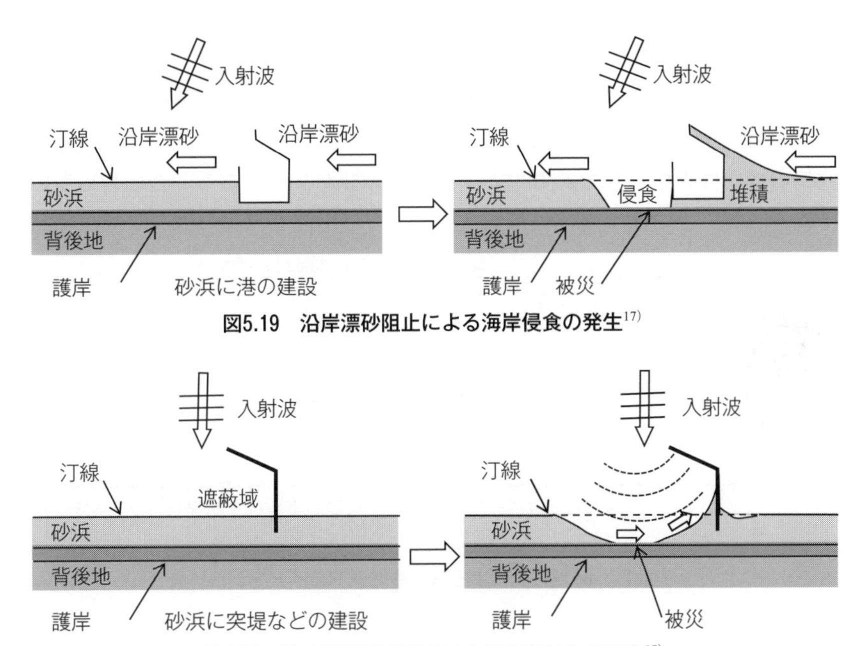

図5.19 沿岸漂砂阻止による海岸侵食の発生[17]

図5.20 波の遮蔽域の形成による海岸侵食の発生[17]

また、図5.21に示すように海岸への土地利用の拡大による砂浜の喪失は、海岸を駐車場などで埋めることにより生じる。その結果、砂浜全体の土砂量が減少して荒天時の土砂移動によって侵食が生じるということである。さらに気候変動や地盤沈下による相対的な海面上昇が生じると、波の作用する範囲が以前より陸側になり、その分だけ海岸地形は陸側にずれて砂浜幅が減少することになる。そのずれ量に対して元の砂浜幅が狭ければさらに砂浜幅は減少し、海岸の土砂量の減少と高波の作用によって海岸侵食が生じやすくなる。

これらのような要因で生じる海岸侵食と、海岸域や海岸後背域での海洋建築物への災害との

図5.21　緩傾斜堤が砂浜を覆って浜幅が減少した例

因果の第一は、砂浜が高波に対する自然の防護施設であることであり、幅広い砂浜があると襲来した高波の遡上をその途中で食い止めることができるが、図5.22に示すように、砂浜幅が狭いと遡上を止められずに海水が護岸を乗り越えて浸水被害が生じる。また、護岸前面の砂浜が減少すると、高波のたびに護岸に大きな衝撃砕波力が作用して構造に損傷を与えることがある。護岸は、海岸後背域の建築物を守る重要な構造物であるので、その損傷は非常に危険な状態を生む。砂浜は周辺の地形と共に雄大な景観を織りなし、さらにはリクレーションの場でもあり、海洋建築の構成要素の一部であるので、消失の影響が甚大であることは否めない。

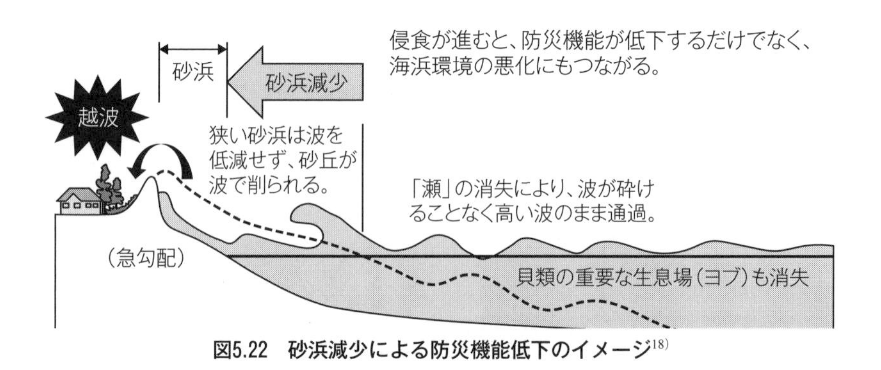

図5.22　砂浜減少による防災機能低下のイメージ[18)]

（２）侵食による災害事例

ひとたび侵食が生じると、その要因を絶たない限り侵食は継続し、甚大な被害を及ぼすことになる。例えば図5.23は、リゾートホテル群の前面の侵食が進展して、ホテルの大きな魅力であった砂浜が消失し、大きな浜崖だけが残った危険な状況である。このホテル群は後述の対策によって人工海浜が建設されて良好な環境に戻るであろうが、この侵食による危険な状態に類する現象は後を絶たない。

一方で護岸の崩壊は図5.24に示すように非常に危険な状態になる。護岸の崩壊を招く侵食としては、図5.25のように、護岸延長の平面形状が陸側に窪んでいると、そこへの波の収斂によって高波が作用し、大きな波力によって護岸の変状（ひび割れによる隙間など）が生じ、これが引き金になって護岸の中に詰めてある砂（中詰砂）が吸い出され、護岸内部の空洞化や天端スラブ（護岸の上部を覆う床版）の崩落などによる護岸の崩壊が生じる。護岸の崩壊は浸水被害を招き、防護機能の喪失につながる。一方で、護岸内部の空洞化は、天端スラブの支えがない状態であり、見た目には変状が分からないために、その上の歩行によってスラブが崩落して、歩行者が大けがをする事故も生じたことがある。

図5.23　リゾートホテル前面まで進展した海岸侵食

図5.24　護岸崩壊

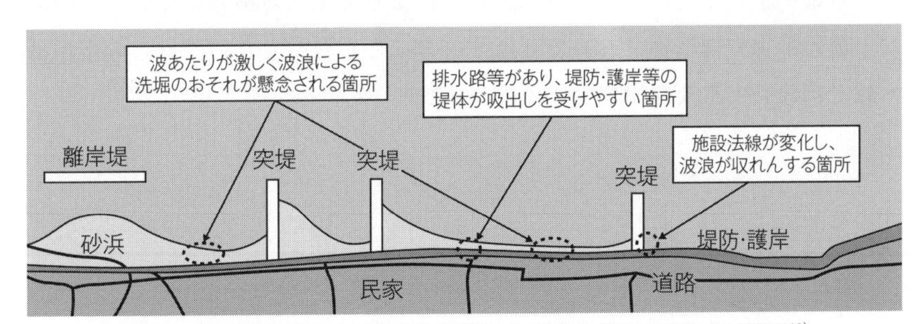

図5.25　地形変化等により劣化や被災による変状が起こりやすい箇所[19)]

（3）建築や地域の安全対策

砂浜の保全対策には、図5.26に示した養浜による海岸への人工的な土砂流入量の増加対策と、ヘッドランド工法や離岸堤などの構造物による土砂の流出量の低減対策とを合わせた方法がある。この方法を使用した砂浜幅の回復対策には、九十九里浜全域を対象とした「九十九里浜侵食対策計画」[20)]がある。九十九里浜は侵食が進行して、かつての砂浜を喪失した海岸が多数あり、防護機能の低下のみならず、レジャーや憩いの場の喪失、水産資源の減少を招いている。この計画では、防護の面から後背地への越波の防止のための砂浜幅として40mを目標にしている。実施の期間は30年間であり、喪失した海岸の復旧には長期間にわたる事業が必要になる

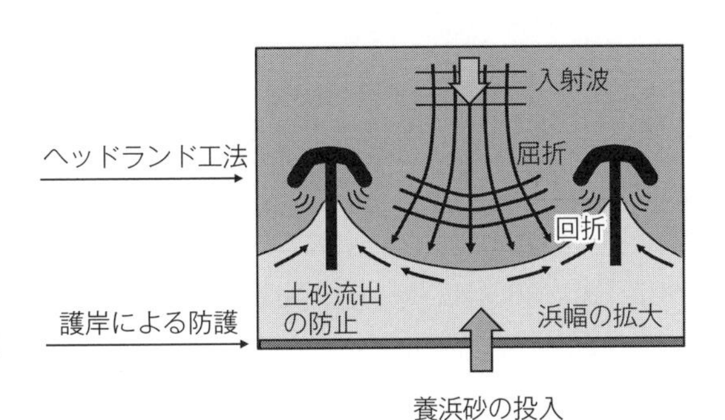

図5.26　養浜とヘッドランド工法による侵食対策

ことを示している。

一方、多くの海岸で見受けられる護岸の軽微な損傷も、崩壊への引き金になると考えられるので、護岸前面の砂浜幅の減少が発見された場合には、養浜等の対策が必要である。

おわりに

本章では、海洋建築に対して海からの脅威となる現象の要因と建築物に与える影響を解説した。はじめに、風害の要因である強風について、その要因と台風の規模に関する規定も加えて解説し、強風による被害として屋根や壁面の破壊状況を示し、その対策を建築基準法に準じて解説した。次に、台風による海面変動の現象として、高潮と高波の発生メカニズムを解説し、越波や構造物の破壊を挙げ、護岸の被災状況を示し、建築物における防災対策として、堤防などの構造物の設置、建築地盤の嵩上げ、建築物の設計上の工夫を解説した。また、津波の発生要因を解説し、東日本大震災の津波被害を示し、建築物や構造物の設計上で考慮すべき津波の設定方法を示し、防護すべき津波の高さとそれを超える場合の対策案を解説した。さらに、塩害の要因では、高波や海岸からの距離との関係を解説し、塩害への事例を示し、海洋建築物において考えるべき防護対策を解説した。塩害と同様に海岸域では飛砂被害があり、この要因と事例ならびに対策を示した。最後に、海岸の侵食によって生じる被害について、その要因と被災事例、および建築物や構造物において考慮すべきことを解説した。これらの事項は海洋建築物の計画・設計において重要な事項である。

第6章
海洋空間利用の状況

Statues of Ocean Space Utilization

畔柳 昭雄

はじめに

ここでは日本政府が推進してきた海洋開発の推進経緯について概観すると共に、特に海洋空間利用についての取り組みの状況を鑑みることで、「海洋空間」が日本では海洋資源の一種であることが示された時期の各種の取り組みや動向を概説する。次いで、関係各省庁や民間企業による海洋空間利用構想及び建築家による海上都市構想を概観した後、海上都市構想の系譜として人工島による海上都市の動向、世界の人工島の動向、地球環境に対応した海洋建築物のあり方について概説する。

6.1 日本の海洋開発の系譜

日本では1960年代に高度経済成長期を迎えたが、この時期に国策として海洋開発の検討がはじまった。当時の自民党政府池田勇人政権下において総理大臣諮問機関として1971年に海洋科学技術研究振興のための「海洋科学技術審議会（現文部科学省科学技術・学術審議会海洋開発分科会)」がはじめて設置され、海洋科学技術分野の総合的推進を図ることとされた。また、同じ時期に海洋開発に係わる総合的海洋科学技術の推進機関として海洋科学技術センター（現国立研究開発法人海洋研究開発機構）が設立され、海洋生物資源開発のためのセンターとして海洋水産資源開発センター（2003年解散し一部業務が水産総合研究センターに移行した）が設立された。この審議会は、1969年までに3件の答申を提出した。1978年には、「長期的展望にたつ海洋開発の基本的構想及び推進方策について」の諮問がなされ、海洋開発のあり方をはじめて総合的且つ体系的に取りまとめ、日本の海洋開発推進の方向性を明らかにした。それによると海洋利用の「海洋生物資源開発利用」「海水・海底資源開発利用」「海洋エネルギー開発利用」「海洋空間利用」の4利用分野の開発の基礎として、審議会は「海域総合利用」「海洋環境保全」「海洋調査研究」「共通技術開発」「基盤整備」「国際問題」の6基礎分野を定め、2000年における海洋への期待と現状から、それぞれの1990年の目標が示された。それによると目標達成のための総合推進方策は「①海洋、特にわが国200海里水域に関する調査の飛躍的拡大、及び総合的な調査・観測・監視体制の確立、②海域の開発利用及び環境保全に関する総合的な計画と管理の実施、③新国際海洋秩序への対応及び国際協力の積極的推進、④海洋開発の総合的推進体制・法制などの整備」が示された。

国策としての主な海洋利用の動向（1960年代から70年代）を概観すると、1962（昭和37年）年に策定された「全国総合開発計画」では、拠点開発方式の導入により主要な湾域部において新産業都市や工業整備特別地域の埋立て造成計画が示された。瀬戸内海や伊勢湾、東京湾をはじめとした各地の湾域で地先水面の埋め立てとコンビナートの造成が推進され、高度経済成長を牽引する原動力となる場が整備された。

1968年度（昭和43年）には、大陸棚における鉱物・生物資源開発を目的として、海底に長期間連続的に滞在することが可能な海中作業基地「シーラブ計画」の開発や民間の研究における海洋における「都市建設の夢」が示された。1969年（昭和44年）には、海洋開発の新たな開発計画が答申され、1970年（昭和45年）にはその第1次実行計画が策定され「①日本周辺大陸棚海底の総合的基礎調査、②海洋環境の調査研究および海洋情報の管理、③資源培養型漁業開発のための研究、④大深度遠隔操作掘削装置などに関する技術開発、⑤海洋開発に必要な先行的・共通的技術の研究開発」などが掲げられ、技術的な展開として鉱物資源の開発、海水資源の開発、沿岸海域の空間的利用、海洋エネルギーの利用、気象海象情報および予報、水産資源の開発利用が示された。特に「沿岸海域の空間的利用」については、直結する課題として、「海洋構造物の設計・計画技術および材料に関する研究」「海洋構造物の施工技術に関する研究」「海洋構造物の開発に関する調査研究」が掲げられ、海洋構造物の研究として、沖合発電所、海底貯油タンク、海底パイプライン、シーバース、海上空港、海上都市、海洋レクリエーション基地、海洋レクリエーション都市が示され、海洋空間に対しては、水深の深い海域の利用が盛り込まれ、それに追従して構造物の形式も埋立て方式から脚柱支持式や浮遊式へと発展することが示された。

1969年策定の「新全国総合開発計画」の予測では、目標年次である1985年（昭和60年）には個人消費支出が1965年（昭和40年）の4倍にのぼると見積もられ、家計消費においては可処分時間の増大、生活時間あたりの自宅内外における交際・趣味・レクリエーション費用がそれぞれ3.8倍、5.5倍に増えることが予想され、主要課題としての産業開発プロジェクトに「大規模海洋性レクリエーション基地の建設」が盛り込まれた。新全総では海洋性レクリエーションの比重の高まりに対応するため、海岸線の整備やヨットハーバー、海中公園などの整備により、大規模海洋性レクリエーション基地を数か所建設し、他に「エネルギー基地の整備」が取り上げられ、原子力発電や大規模火力発電などの整備推進が提示された。これに加えて国際・地方空港の整備要請の高まりに対しては新たな場所として海洋空間を利用することが示された。

1972年（昭和47年）には、海洋開発に関して「海洋空間（スペース）」が海洋資源の一種であると明確に示された。翌1973年（昭和48年）には、海洋空間の開発は、それまで行われてきた沿岸部の埋め立てや干拓などに加えて人工島などの新しい開発方式も含めるとした。1975年には長崎県大村湾において世界初となる海上空港が既存の箕島の造成と埋立により誕生した。この海上空港（大村空港）の開港を踏まえ、関西国際空港の検討が進み、海洋空間の開発（利用）の将来性は極めて多様であるとされた。海洋空間の開発に伴い解決すべき課題も多数輩出され、そのための技術開発として、水深50m程度までの海洋構造物に関する技術の開発が不可欠であるとの指摘がなされた（本州四国連絡橋の建設がもたらす技術の進展は海洋空間の開発に大きな影響を与えると考えられた）。

海洋開発や海洋空間開発の1つの到達点として、1975年（昭和50年）に沖縄県の本土復帰を記念した「沖縄国際海洋博覧会」が「海―その望ましい未来」を統一テーマとして開催され、世界36か国が参加した。このとき、海洋博のシンボルとして出展されたのが海上都市「アクアポリス」であった。この展示により、日本の海洋開発では鉱物資源や水産資源のみならず海洋空間すなわち大海原までもが資源であるという認識をアピールした。その後、1973年（昭和48年）から当時の建設省建築研究所では「総合技術開発プロジェクト」として海洋構造物の構造設計基準の研究開発がはじめられた。

1977年には「第3次全国総合開発計画」「海洋開発審議会」の第1次、2次答申の中で沿岸域の利用計画に当たり、自然的、地域的特性および生態環境を十分に調査し特性に応じた利用と保全を行うことが提言された。科学技術庁は海洋空間資源について利用面から表6.1に分類し、社会経済面（利用）と潜在資源としての生態面（利用）に分類している。海洋の空間利用を各計画に分類すると表6.2のように「海洋生物資源」「海水・海底資源」「海洋エネルギー資源」「海洋空間資源」に分けられる。海洋空間資源は国土が狭隘狭小な日本にとっては利用価値が高く、200カイリ経済水域は451万 km^{2}で世界第6位の面積を保有する。

1978年（昭和53年）、国土庁では大都市圏を対象として臨海部の海面を対象に「人工浮き地盤」を浮かべることの可能性について調査研究を進めた。80年代後半になるとアメリカではじまっていた貨物船からコンテナ船へと代わることでの港湾用地の遊休化による再開発が起き、都市部の臨海部を中心としてウォーターフロント再開発がブームとなり、日本にもブームとして到来した。この動きは折からの国内のバブル景気と相まって、全国的に臨海部が注目され再開発が各地の港湾や周辺部で展開されるようになった。

表6.1　海洋空間の利用面からの分類

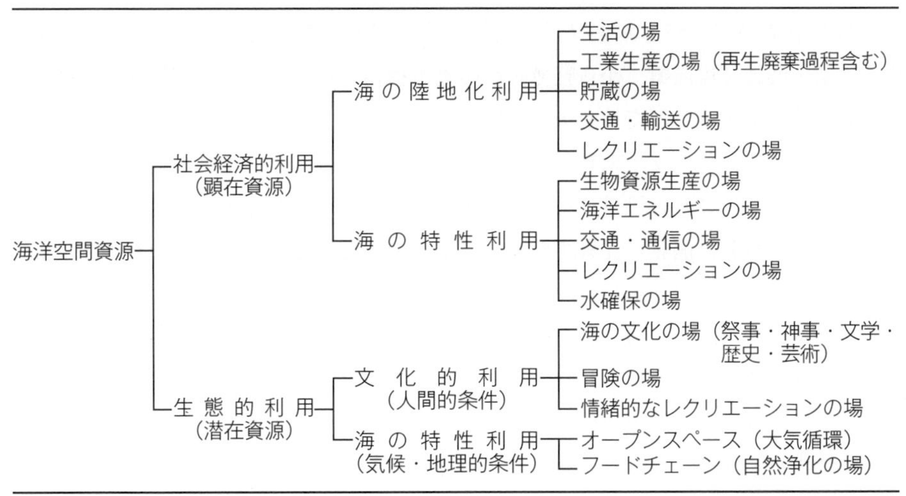

海洋空間資源	社会経済的利用（顕在資源）	海の陸地化利用	生活の場
			工業生産の場（再生廃棄過程含む）
			貯蔵の場
			交通・輸送の場
			レクリエーションの場
		海の特性利用	生物資源生産の場
			海洋エネルギーの場
			交通・通信の場
			レクリエーションの場
			水確保の場
	生態的利用（潜在資源）	文化的利用（人間的条件）	海の文化の場（祭事・神事・文学・歴史・芸術）
			冒険の場
			情緒的なレクリエーションの場
		海の特性利用（気候・地理的条件）	オープンスペース（大気循環）
			フードチェーン（自然浄化の場）

表6.2　海洋空間利用の分類

資源区分	利用内容
海洋生物資源	食料・飼肥料、工業原料、バイオマス・エネルギー源
海水・海底資源	溶存物質回収（食塩、Mg、Uなど）、海水淡水化、建設資材（砂、砂利）、海底石油、天然ガス、マンガン固塊、熱水鉱床
海洋エネルギー資源	波浪発電、海洋温度差発電、海洋・潮流発電、海水濃度差発電、潮汐発電
海洋空間資源	発電所、工場立地、備蓄基地、交通・通信、海上都市、海洋レクリエーション、廃棄物処理、防災

6.2　各省庁や民間企業による海洋空間利用構想

海洋空間利用に関する計画や構想は古くからあり、各々時代による人間活動を反映したものとなっている。当初は埋め立てによる土地造成により港湾や空港などの交通施設や発電所や工場用地、エネルギー関連施設などの大規模施設用地の確保、都市機能の増大に対応した都市施設用地の確保を目指した海洋空間利用であった。こうした海洋空間利用の動向について、各省庁の構想（現在は省庁再編で改組改名されたり整理統合されてしまったものもある）や民間企業および建築家らによる海洋空間利用の意図を踏まえて構想を整理する。

（1）各省庁の海洋空間利用構想

1980年代後半に都市臨海部で進められていた開発整備が具体的な姿となって表れてきた。この当時、産業構造の変革が進み重厚長大型の重化学工業（鉄鋼業・セメント・非鉄金属・造船・化学工業・関連装置産業）から軽薄短小の電子機器（機械製品・電気製品・半導体）産業に基幹産業がシフトすることで社会情勢が変化し、それまでの臨海部につくられた工業用地の整理集約が進められ、新たな土地利用として東京では臨海副都心、千葉では幕張メッセ、横浜ではみなとみらい21、これら以外にも大阪や神戸、福岡において都市臨海部の開発が進められていた。ただ、こうした開発は従来までの工業用地の確保や拡大を意図したものではなく、都市機能用地としての整備が進められ、業務や商業に加え当時日本には極めて少なかったコンベンション（見本市、会議等）の会場と関連施設を中心としたまちづくりが臨海部特有の海辺の良好な環境特性を活用して進められた。

こうした動向を受けて、海洋空間を積極的に地域づくりに利用する方策として1985年頃から関係省庁や地方自治体からも多くの利用構想が提起された。

当時の通商産業省（現　経済産業省）では、21世紀の海洋スペース利用の未来都市とし「マリン・コミュニティ・ポリス構想」を重要課題として取り上げて、基本モデルプランとしての埋め立てによる人工島による海洋空間都市を「未来産業」「健康」「知と情報」「創遊」の4つに分けて静岡県清水市、神奈川県横須賀市、茨城県鹿島市の3ヶ所をモデル海域に選定し、ケーススタディを進めた。運輸省（現 国土交通省）の「沖合人工島構想」は下関北浦、秋田湾、清水港、大村湾、三浦半島、室蘭沖の6ヶ所をケーススタディとして取り上げ、沖合人工島の多様な利用可能性の探求と人工島により生み出される静穏海域の利用可能性についての検討がなされた。建設省（現 国土交通省）のマリン・マルチ・ゾーン構想は海洋性レクリエーション需要増大と都市施設用地の不足に対応するため沿岸域の多目的利用空間の創造を目的とし、海岸環境保全と消波・浸食防止を合わせた大水深海域制御構造物の建設を目指した構想である。水産庁のマリノベーション構想は海域の生物資源を核とした沿岸沖合の総合的な整備構想である。基本的な考え方は「水産物の安定供給」「効率的漁業の実現」「沿岸域定住圏の形成」「海の文化の継承」の4つの視点に基づく〈マリン・コンビナート構想〉〈マリン・テクノ構想〉〈マリタイム・ヴィレッジ構想〉〈マリン・カルチャー構想〉を掲げた。科学技術庁は海洋開発審議会の答申を受けて海域総合利用技術開発を推進するため、地域特性に基づく技術課題の抽出と技術開発を行うとしてアクアマリン構想を提起した。国土庁は地域主導型で海域空間を総合的に利用することを意図し、沿岸域総合振興モデルとしてのマリノポリス構想を提示した。

(2) 各企業による海洋空間利用構想

海洋空間利用に関しては「海の資質を生かす」ことを命題に、海が持つ物理的性質を活用し、海洋資源の有効利用を図り、海域環境を制御して快適性の高い空間を確保でき、利用でき、開発と保全のバランスが確保されることが基本である。1985年当時、民間企業においても注目を集めメガ・シティ構想（人口1,000万人以上の都市地域や都市圏を持つ巨大都市）と絡めて海洋空間利用の構想が表6.3に示す54程提案された。これらの構想は民間企業などが大都市が抱える都市問題を解決するために提案した海洋空間利用であり、土地、住居、廃棄物処理、交通、エネルギーなどが主であった。各々の構想は、立地場所は沿岸から洋上（沖合）まで広範囲な海域を利用し、利用空間は海上に限らず海中、海底に至っている。導入される機能用途は都市施設としての業務、住居、レクリエーション、廃棄物処理、港湾、空港である。これら構想を整理集約して概観すると、提案構想は、大都市近傍において都市問題解決の大規模複合型の都市形成を目指した構想と中規模程度の拠点形成を目指した構想、空港などの交通ネットワーク整備を目指した構想、レクリエーションに配慮した生活環境を目指した構想に分類される。産業構造の転換を迎える中での社会の変化に応えたものであった。

表6.3　調査対象とした構想

	会社名	プロジェクト名		会社名	プロジェクト名		会社名	プロジェクト名
1	大林組	ミレニアムタワー	19	五洋建設	ペンタH－SST	37	竹中工務店	SKYCITY1000
2		エアロポリス2001	20	佐藤工業	アクア・NEO・ポリス	38		フローティング・マリーナ
3		アングラード	21	シティコード研究	海上自由都市	39	東亜建設工業	HARMONY -21
4		日韓連絡トンネル	22	清水建設	TRY2004	40	東洋建設	マリリン
5		パシフィック・エアポート21	23		ビッグ・バン・アイランド	41		大阪湾グリーンベルト
6		エコランド	24		マリネーション	42	戸田建設	TOKIO21プロジェクト
7	奥村組	マリーン・コミュニティ21	25		アーク・エアポート21	43	飛島建設	環日本海TOP
8	鹿島	DIB－200	26		アクア・アミューズメント・ランド	44	日建設計	軟着島
9		マリンポリス	27		ジェネシス計画	45	西松建設	マリン・ウラノス
10		九十九里・セブンアイランド	28		ステップ・オーバー・タワー	46		ハニカムアイランド
11		浮遊式海洋リゾート	29	大成建設	X－SEED4000	47	日本航空	ROMANTECH CITY 2020
12		マリンコロシアム	30		リニアモーター・カタパルト	48	日本国土開発	相模湾洋上道路
13		海上立地廃棄物処理	31		ジョナサン	49	間組	マリナス
14	熊谷組	ジェネシス・テレポート	32		ネバーネバーランド	50		スーパールーフ
15		オディッセイア21	33		ダイナシティー	51	不動建設	ディープ　オーシャン　フロンティア21
16		フライング・トリトン21	34		東京・ベイ・シティ・アイランド	52	前田建設工業	COSTA
17	鴻池組	ベイエリアカナール	35		マリン・プランテーション・アイランド	53	マリンオデッセイ21	TOKYO・ネオ・アトランティス
18	国際海洋科学	マリンコリドール	36		ブルー・ベイ・プラン	54	三井建設	リサイクル・ロング・アイランド

（3）建築家による海上都市構想

海洋空間利用は古来都市の領域や空間拡張に利用されてきた経緯があるが、1950年代末頃には科学技術の進歩に基づき、海を自在な都市構築の場として期待が寄せられるようになり、様々な海上都市構想が提案された。こうした海上都市構想は、その萌芽期にあたる1960年前後に集中的に提案されているが、この頃の建築界では機能主義を基調として新しい発想による建築や都市の理想像の探求が活発になり、従来までの枠や様式に捉われることのない斬新な形態や概念の提示に注目が集まった。一方で、これまでの工業化を核とした戦後の一連の経済政策が臨海地域に位置する都市への急激な人口や産業の集中を誘発し、過密化、土地不足、住宅難、交通機関の逼迫、大気汚染などの環境問題をはじめとして様々な都市問題を惹起したため、早急な対策が求められていた。特に首都東京における都市問題対応の行き詰まり打開と経済発展の促進を目指して海洋空間の利用が加納久朗によって提唱された。1958年に東京湾の東部沿岸域の大規模な埋め立てによる新しい首都「新東京」の建設と遷都、臨海工業地帯の造成を骨子とした通称「加納構想」である（図6.1）。この構想は過密に悩まされる東京の近傍に突如として地権者不在の広大な空白地を創出することとなり、大きな反響を呼び起こした。翌1959年には産業計画会議が加納構想を取り上げて再検討を進めることで、神奈川県横浜市あたりから千葉県富津市あたりまでの湾岸の地先を埋め立て、東京湾の中央部に人工島（埋立地）を建設する組み合わせに再構成し直して、調和のとれた生産空間と居住空間による「ネオ・トウキョウ・プラン」をまとめ、その実施が勧告された（図6.2）。

海洋空間に都市を構築するという加納構想に端を発する発想は、新しい都市構造や都市生活のあり方を模索しながらも土地所有制度の下にその実現の見通しが構築できなかった建築家—中でも後にメタボリストと称され「新陳代謝＝メタボリズム」の概念を掲げる前衛的な若手建築家らの関心を

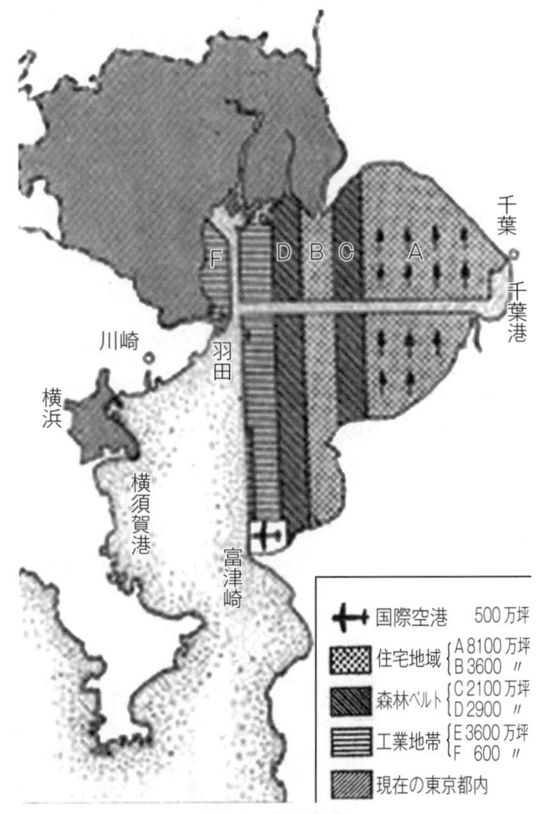

図6.1 加納構想

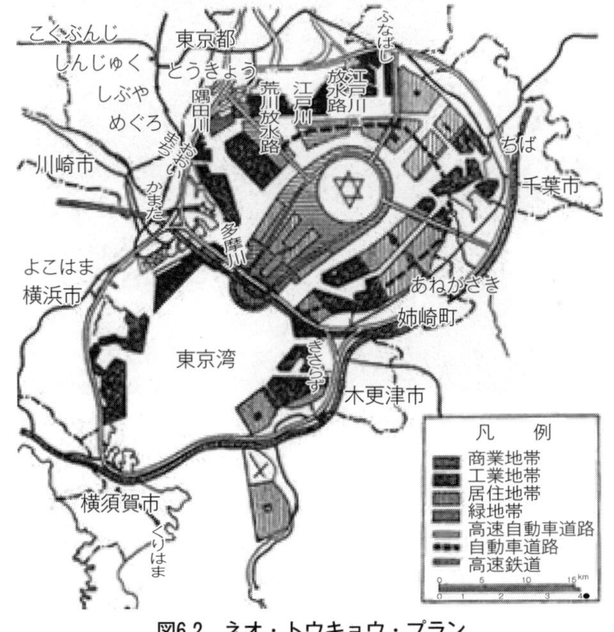

図6.2 ネオ・トウキョウ・プラン

集めることになった。その中の一人、大高正人は1959年に加納構想を評価しつつ建築的思考をもって継承した海上都市構想「海上帯状都市」を発表した。これは職住近接の図られた能率的な産業首都を東京湾上に構築するものであったが、埋め立ては最小限に留め杭式を採用することによって建設の合理化を図り、あわせて埋め立てでは失われる東京湾の環境資源を温存して都市生活に取り込み、レクリエーション性に富み、水と緑の豊かな都市“東洋のベニス”を形成しようと試みた構想であった。次いで1961年には、加納構想から強い刺激を受けた丹下健三を中心として、東京大学の丹下研究室が同様に東京湾を計画対象とした「東京計画1960」を発表した（図6.3）。これは、東京の都市問題の要因と考えられた求心的な都市構造を線形に改め、その展開の場を硬直化した陸上から抜け出して東京湾上に求めたものであった。既に丹下は前年の1960年に盛り上がる東京湾開発構想の動向を携えてMITでボストン湾上を対象とした海上コミュニティ構築のケーススタディを行っており、同構想はこの延長で提案されたものであった。都市の骨格となる道路などの基幹構造物を「メガストラクチャー」として東京都心部から延伸し、そこに都市の空間構成要素となる建築物を機能更新が可能な「マイナーストラクチャー」として位置づけた。後に、この計画を基に「東京計画2000」が構想され、東京湾上にはメガストラクチャーに新たに浮体式基盤の上に高層建築が搭載されるユニットを浮かべる提案がなされた。

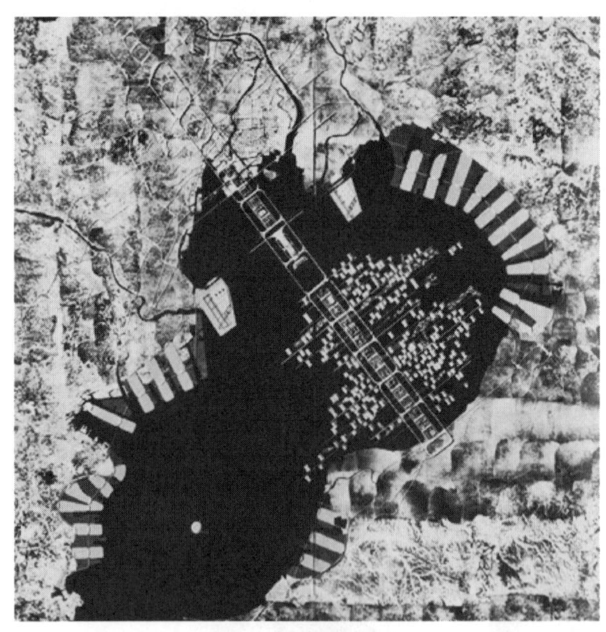

図6.3　東京計画1960

以上の加納構想由来の動きとは別に、メタボリズムグループの中のひとりである菊竹清訓は1957年頃から海に浮体式の人工地盤を配することで新たな人間の活動領域を創造する構想を検討しており、これは1959年に「海上都市1958」、翌1960年に「海上都市1960（海洋都市うなばら）」として発表した（図6.4）。菊竹の海上都市構想は、従来までの埋め立て方式による土地造成とは異なり、海の上に都市が浮かび移動することを前提としたもので、海洋環境を改変せず、都市機能の更新が容易で、不要となった場合は設置位置の移動や解体撤去も可能であり、跡地は元の海面に戻すことができるというメタボリズムの概念に即応した構成であった。これらの構想は菊竹が産業による海岸線の独占と埋め立てによる沿岸海域の環境破壊に問題意識を抱いていたことが背景にあり、1961年には沿岸一帯で埋め立て計画が進んでいた東京湾の中央部に浮体式の工業地帯を設ける「東京湾計画」を提唱している。

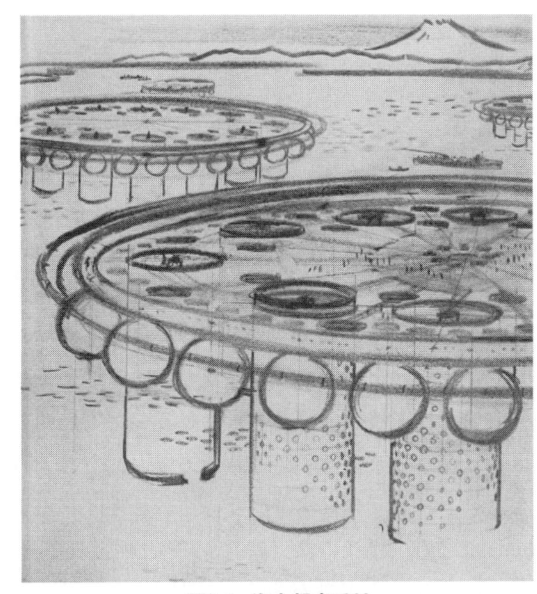

図6.4　海上都市1960

その後アメリカ・ハワイ大学より招聘を受けて、アメリカ建国200年祭を祝うハワイ海上都市構想を検討している（図6.5）。

こうした東京湾を舞台にした海上都市構想は、当初東京港の築港計画に端を発して、港湾用地と工業用地の確保が狙いであった。その後、「海」を陸の代替地として利用するのではなく「海のままの状態で利用する」建築的工法が考案されることで、海の空間を都市づくりに利用することが提案されてきた。また、その建築的工法は、その後造船分野で考案されたポンツーン（浮函）やフーチングの構造形式が導入されるようになり、構造物を浮かべることを可能にした。

一方、海外に目を向けると、1970年前後に海上都市構想は多数提案され、主なモノを見ると「宇宙船地球号」の著者でジオデシックドーム、ダイマクションハウスの設計者であるB・ミンスターフラーは1968年にニューヨークの住宅都市開発局の依頼を受けてニューヨークマンハッタン島の水際に5,000人が定住する「トリトンシティ（海神都市）」を浮体構造で計画した。この都市の中には小学校や飲食店など生活関連施設や業務施設を設けていた。同じくイギリスのピルキントンガラス時代開発社は1968年に北海の天然ガスを利用した「Sea City」を計画した。この海上都市は馬蹄形の形態を持ち３万人が定住できる住宅は内湾に向いて設置された16階建ての杭式構造

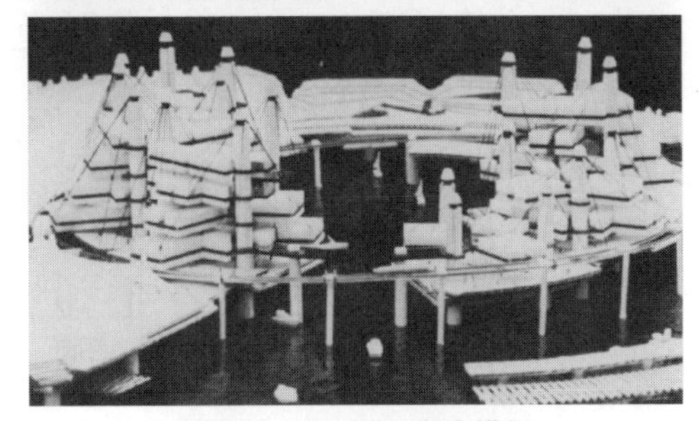

図6.5　ハワイ海上都市構想

物で建設される計画であった。また、アメリカのスタンレー・タイガーマンは「Urban Matrix」と命名された逆ピラミッド型のユニットを浮函構造により計画した。こうした計画構想以外にも人口集中による住宅不足や過密化する都市空間の解決策として海上都市構想が提案されてきた。

6.3　海上都市の系譜

（1）人工島による海上都市の動向

海洋空間利用については、日本国内では平安時代までさかのぼることができる。この時代、平清盛が日宋貿易で博多に入港していた宋の船を都（現：京都）に近い大輪田泊（神戸市兵庫区）に入港させることで貿易振興を促進させようと1160年頃に大輪田泊の地先に経ヶ島を築造した。それまでの大輪田泊は「泊」と呼ばれるように水深が浅く、当時の宋の船は入港できなかったため、水深の深い港（「津」と呼ばれる港）を築造するため、風除けとして沖合に経ヶ島と呼ばれた人工島が築造された。当時としては大規模な埋め立てで34ha程と推定される。その後、鎌倉幕府の開府以降、相模湾の船の航行が増えたため、勧進聖の往阿弥陀仏が幕府に願い出て1232年に和賀江島（現：相模湾東部）を築造した。現在、満潮時には全域が海面下になるが、和賀江島は築港遺跡としては日本最古のものとなっている。なお、往阿弥陀仏は筑前国葦屋津の新宮浜においても築島を行なっていた。その後の人工島としては、現在の長崎市出島町につくられた出島がある。当時の幕府は鎖国政策の一環として諸外国との通商を禁止していたが、唯一門出を開いていたポルトガルについては出島に限って商売活動を許可していた。こうした埋め立てによる工法は、その後、江戸で台場などが築造されることで、今日まで継承されてきている。

人工島による海洋空間利用の開発形態を整理すると図6.6に示すようになる。また、人工島の陸上との関係性を図6.7に示し、日本国内における人工島形式の埋め立て事例を表6.4に示す。

近代以降に建設されたものとしては、神戸市の沖合に建設された人工島がある。1981年に「ポートアイランド」が建設され、1988年には「六甲アイランド」が埋め立て造成により建設された。これらの人工島の建設では、六甲山系の山を切り開き、そこから掘り出された土砂を

第１段階
海　域
埋 立 地
都市、臨海工業地帯
第２段階
海　域
沿岸人工島
埋 立 地
都市、臨海工業地帯
第３段階
沖合人工島
海　域
沿岸人工島
埋 立 地
都市、臨海工業地帯

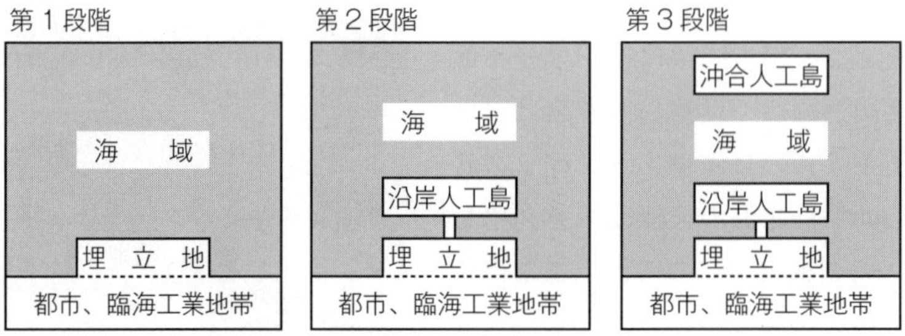

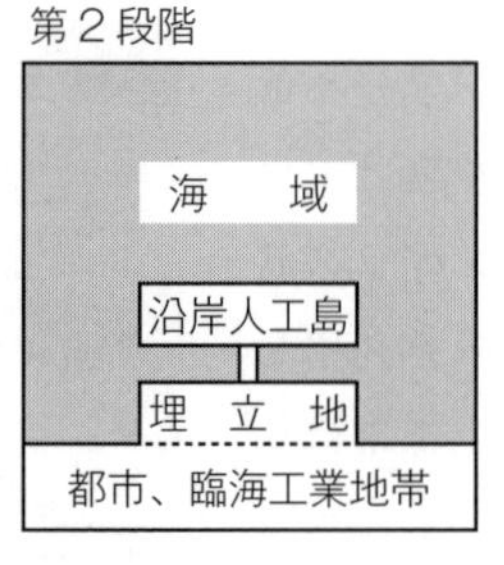

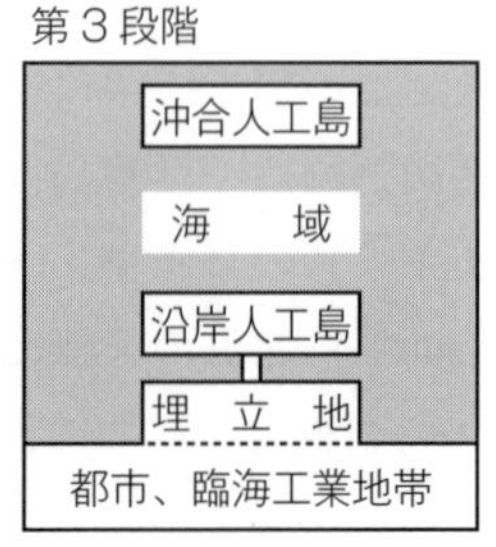

図6.6　海洋空間利用の開発パターン

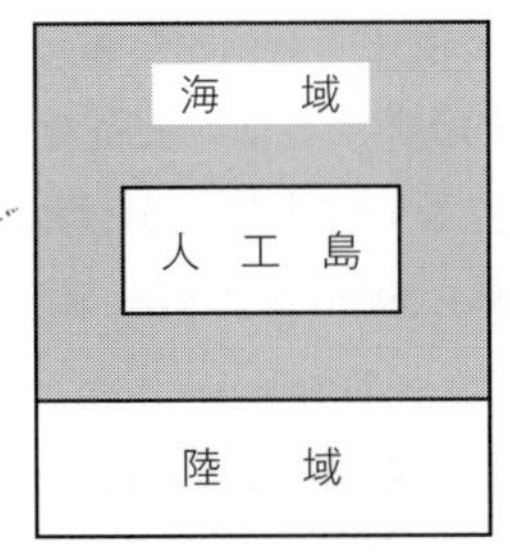

自立型・海上都市

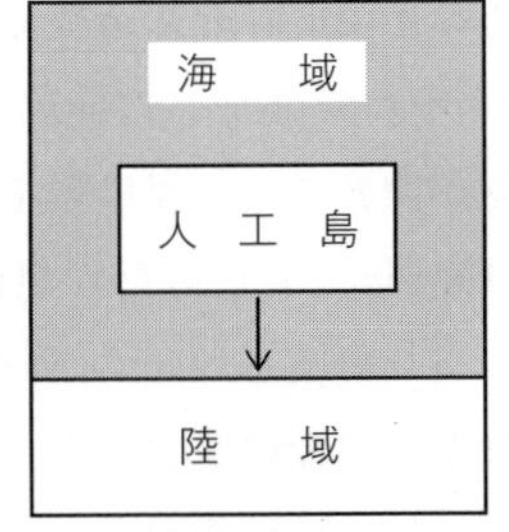

陸域支援型・
エネルギー基地

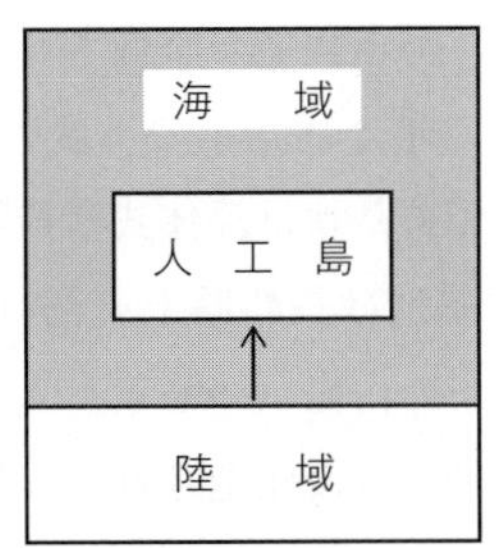

陸域依存型・
空港レクリエーション

図6.7　人工島の陸上との関係性

表6.4　日本国内における人工島形式の埋め立て事例

計画名	設置場所			
		（㎡）	（㎞）	（m）
扇島埋立工事	神奈川県扇島	5,150,000	0.4	0～15
横浜港本牧埠頭	神奈川県横浜市本牧町地先	5,943,000	1～2.5	2～12
名古屋港９号地	愛知県名古屋市港区	2,182,000	2	2～3
四日市霞ケ浦	三重県四日市市	3,870,000	0.06	4.5～12
大阪北港	大阪市	6,150,000	0.5	10
下関北浦	下関市吉見地区監島間海域	7,500,000	1.8	10
関西新国際空港	大阪湾泉州沖	11,590,000	5	20
長崎空港	長崎県大村市	1,629,000	1.5	10～18
新大分空港	東同東郡安岐武蔵町地先海面	1,033,000	0～0.06	4
横浜港大黒埠頭	横浜市鶴見区大黒地区	3,210,000	0.5	12
川崎市東扇島	東扇島	4,337,000	0.7	0～10
神戸ポートアイランド	兵庫県神戸市	4,360,000	0.4	10～13
六甲アイランド	兵庫県神戸市	5,830,000	0.2	10～14

用いて神戸湾沖合に人工島を築き、土砂採取跡地にもニュータウンが整備された。神戸市は海と山に挟まれた狭隘な地域のため都市の発展余地が少なく、港湾用地の発展も望めなかったため、埋め立てにより市街地前の海の有効利用を図ることで、港湾施設の拡充整備と合わせて新たな都市発展用地を確保することが計画された。これにより２つの人工島による海上都市と、その沖合に海上空港が2006年に建設された。また、和歌山県では、1994年に人工島形式の海上都市「マリーナシティ」が和歌山湾内にリゾートコンプレックスを目指して建設され、テーマパークやコンドミニアム、マリーナが設置された。東京では1940年の東京港の開港以降、埋め立て工事が順次進められることで面積約442ha の人工島が整備され、そこに臨海副都心が建設された。ここでは、娯楽・商業施設や国際展示場、海上公園などの多様な施設が集積し、現在も整備が進められている。人工島形式による海上都市は、概ね都市の地先水面の沖合を埋め立

てて建設され、都市機能が整備されることで既存の都市機能を補完する役割を果たしてきた。

日本では1973年と1979年の二度のオイルショックの経験を踏まえ石油の備蓄を国策として行っている。備蓄基地は浮体式構造物が開発され世界に類を見ない洋上備蓄が行われている。この洋上備蓄基地は長崎県上五島（1988年：１基あたり規模Ｌ390m ×Ｗ97m ×Ｄ27.6m、５基）と北九州市の白島（1996年：１基当り規模Ｌ397m ×Ｗ82m ×Ｄ25.4m、８基）にある。

1990年代当初、戦後建造された大型船が退役時期となり、この船体を再活用したホテルシップや駐車場などがつくられてきた。1995年には航空機の大型化や空港滑走路の新設、米軍の基地移設などの社会的要請に対してメガフロート（超大型浮体構造物）が開発され、Ｌ1000m ×Ｗ60m ×Ｄ３m 規模の実証実機が建造された。

日本における人工島による海洋空間利用は、陸域近傍の浅海域を埋め立てる工法からはじまり、その後も東京や神戸などの大都市の臨海部において港湾や都市機能用地の確保の方策として人工島建設が進められてきたが、1990年代に入り環境創造の概念が組み込まれるようになり、それまでの埋め立てによる空間確保を目指した人工島建設から、生態系に対する「環境創造技術」が組み込まれた人工島建設となることにより、新たな生態圏を生み出すことで生物との共生が図られるようになった。その一方では、地球環境問題や気候変動を背景に時代的要請を考慮した大型の浮体式構造物が建造され、その後、世界に類を見ない超大型の浮体式構造物がつくられてきた。海洋空間利用は埋立て方式から浮体方式へと段階的に技術革新が図られてきたことが分かる。

（２）世界の人工島の動向

国外では資源開発からリゾート・レクリエーションまで、比較的多様な機能用途により大規模な海上都市を建設して海洋空間利用が図られてきている。カスピ海のアゼルバイジャンでは1950年代から石油資源の採取を目的とした巨大な海上都市が人工島により建設されてきている。海上都市は「ネルフトカミニ」と呼ばれ、油田採掘施設を中心に工場、住宅、病院など多数の施設が整備されている。こうした様々な規模の人工島が78ヶ所建設され、それぞれ栈橋形の道路で結ばれ海上都市群を形成している。

フランス・プロバンス・サントロペ湾では海上都市「ポール・グリモー」が1966年に建設されている。この都市は、湾に面した海浜湿地帯約75ha を浚渫（しゅんせつ）することで土地（人工的土地造成）と水域を生み出すことで14km の水際線をつくり出しリゾートコミュニティを形成している。他にもユーロツーリスティックと呼ばれる８つの拠点が人工島形式を含めて南地中海地方に整備されている。

モナコ王国の場合、狭小狭隘な国土のため、1960年代から地先海域を有効利用する「フォンビエイユ」計画が進められており、国土を25％程拡大し、フォンビエイユ海域に住宅や政府機関施設、競技場、ヨットハーバーを建設し2,500人の居住を計画している。

アラブ首長国連邦（UAE）を構成するドバイでは、地先海域に５つの人工島群を建設するパーム・アイランド計画が進められており、パーム・ジュメイラは2006年に完成し、パーム・ジュベル、パーム・ディラが計画されている。パーム・ジュメイラは名前の通りヤシの木を模しており、幹の部分から16本の枝が伸び全て住宅街となっている。また、ワールドは世界地図を模した300の人工島から形成されている。こうした人工島建設は、ドバイの海岸線が現在約72kmと短いため、人工島建設により海岸線距離を延伸することが意図され総延長約800kmの海岸線が生み出される予定である。

(3) 地球環境に対応した海洋建築物のあり方

海洋空間利用に見られる動向は、当初、陸域からの延長による埋め立て方式による大規模開発が進められてきていたが、その後、埋め立ての沖合展開を考慮した沖合人工島の概念が提起されることで六甲アイランドなどが建設された。次いで、杭式や浮体式による構造形式を用いることで、海岸線の改変を避けると共に自然・生態環境に対する配慮を含んだ開発へと変化した。また、退役船舶を用いた水面空間利用の各種施設もつくられた。そして、超大型のメガフロートが実現化され、浮体式構造物を用いた水面空間の有効利用は、従来までの大規模な空間利用に主眼を置く水面空間の利用とは大きく異なっており、海として利用するための水面の保全や自然環境に配慮した構想提案及び利用した跡地を容易に元の海に戻すことを可能にする技術的提案が見られるなど、海に対する考え方や扱い方が従前の提案と比べて飛躍的に変貌したことが分かる。こうした動向は従前の埋め立てによる空間拡張方策では海域の狭隘化や海流の流況変化及び海域の生態環境の撹乱など、自然環境に対する負荷増大や消滅損失を避けることができないとする危機意識の高まりが社会的背景として存在し、環境全般に対する国民的関心が高まることにより、不可逆性の高い水面埋め立てに代わる新たな空間概念の萌芽とその考え方に基づく空間拡張技術の開発要請が背景にある。また、海外では陸域の土地利用における制約を回避する方策として水面空間の有効利用が進められている。

一方、日本では大規模な水面空間利用のための技術的取り組みが進む傍らで、制度見直しに基づく規制緩和措置を踏まえて水面空間の利用に目を向けた取り組みも増えている。東京や大阪では地先水面の利用や造船所跡地のドック水面の利用を図る水上住居の実証実験が行われたり、運河の水域占用許可の規制緩和による水上施設の設置許可や河川法の規制緩和の特例措置に対応した浮体式構造物の水上施設設置が検討されるなど、身近な場所で従前とは異なる水面空間の利用への関心が高まる傾向にあり、利用要請を踏まえた技術開発や計画が展開されるようになってきた。さらに、近年の水面空間利用は、日常的範疇のものが組み込まれており、気候変動の影響による地理地形的な要因により被る水害などへの対応策として、浮体式構造物の利用がされていることが分かった。以下に結果を要約する。

1）浮体式構造物の利用は、地球温暖化による水位上昇の水没被害を伴う水際近傍の低地に施設立地する際、利用されていることが分かる。

2）底質や生態環境保全の意味から浮体式構造物を用いることで環境的負荷を軽減したり、土地の改変を最小化する方策として利用されている。

3）海洋空間利用は大規模→小規模、埋め立て（固定）→浮体（移動）、非日常性→日常性、空間拡張→環境対応へと変化している。

4）機能·用途は水域立地することにより、施設の魅力や利用効率を高めることへの期待以外に地理地形的要因が受ける気候変動の影響緩和や水域の持つ場所性を反映して水域に立地している。

5）浮体式構造物の活用背景は、水面空間の持つ心理的満足効果、レクリエーション効果、景観効果、生態系保全効果、防災効果などが考慮されることで活用されている。

おわりに

本章では、海洋空間利用の状況と題して、日本の海洋開発政策の系譜を概観することにより、海洋空間利用という海の空間を資源として取り扱うことが明確になされていることを概観した。また、各時代を通して、ウォーターフロントや人工島、海域制御など沿岸から沖合へと空間利用が展開している状況を捉えた。また、各省庁が所管する海洋空間においてその利用が検討された利用機能や用途に基づく構想や各民間企業が描いた各海洋空間利用構想について整理した。次いで、建築家らにより数多く提案されてきた海上都市構想の原初としての東京湾海上都市構想の端緒などを整理した。また、埋め立て人工島による海上都市構想の動向を整理し、陸域との関係性を整理すると共に、それぞれの動向を整理した。さらに、地球環境の変動への対応に関して整理した。

第7章
海洋建築の定義と特徴

Definition & Characteristics of Oceanic Architecture

畔柳 昭雄（7.1，7.2）、居駒 知樹（7.3，7.4）

はじめに

海洋建築は陸上に建つ一般的な建築と何が異なるのか、あるいは同じなのか。前章では海洋空間利用構想や海上都市構想などの変遷が解説された。これらの提案を建築家が行ってきた背景を受けて、建築分野が海洋利用や海洋工学へかかわっていくことが必然となっていったと考えられる。そこから海洋建築という概念が呈示され、そしてそれがどういったものであったのか、さらに現在ではどのように捉えていくべきなのかを本章では解説した。

7.1　海洋建築の定義

海洋建築物については、その概念が提示されたのは当時政府の海洋開発委員会委員で建設業協会のMS（Marine Structure）委員会委員長、日本建築学会海洋委員会委員長であった加藤渉（当時：日本大学教授）により1983年3月に建築学会発行の建築雑誌の中で呈示されたのが最初である。この時「海洋建築とは、人間の海洋における活動環境を安全かつ快適なものに整備することであり、さらにその活動の目的に応じて具体化させたものが海洋建築物である」と語った。後に国土交通省において89年に「海洋建築物の取り扱いについて」が通達された。90年には財団法人日本建築センターが「海洋建築物安全性評価指針」を編纂した。一般的な認識としては沖合の大水深に立地する石油関連施設や海上空港施設などがその代表的施設とされてきた。しかし、都市のウォーターフロント部や港湾区域、自然海岸などの水域において陸域に最も近接した場所に一般利用者を対象とした施設が海底、海中、海上に造られるようになってきた。こうした浅海域に立つ建築物も海洋建築物の概念定義に含まれるが、その設置目的や立地する場所によって、用途、機能、形態面でさまざまな建築的空間構成を見ることができる。また、これら海洋建築物は、立地する場所が海という条件により、陸域に作られる建築物とは異なる法規制等の制度による制限を受けたり、法体系が未整備な部分もあり、その都度審査を余儀なくされることもある。一方、自然環境からの影響を大きく被ることもあるが、海の持つ自然性、開放性など快適性を積極的に享受することが期待される向きも大きい。そのため、海とのかかわりの深い土木工学や造船工学、海洋工学などによる技術的蓄積が利活用される場合も多く、その技術的解決策が建築空間と融合することにより建築の空間構成や形態面での特異性を生み出すこともあると思われる。特に利用者の用に供される施設部分は、用いられる基礎構造形式の部材、部位によって機能空間としての諸室のあり方や配置計画の面で種々の影響を受けていることが考えられる。こうした状況に対して、建築学の分野では、日本建築学会により海洋建築物構造設計指針・同解や海洋建築計画指針が編纂されることにより、技術面で海洋建築物は従来までの陸上の建築物と比べ設計規準や設計方法において差異のあることが示唆されてきた。

7.2　海洋建築の特徴としての機能空間構成

(1) 海洋建築物の設置形態

海洋建築物の設置形態を見ると、建築物の立地は海域や陸域（海岸線または水際線）との位置関係により、図7.1に示すように４つの設置形態に分類できる。また、この４つの設置形態は、それぞれアクセス面におけるアプローチ形式に空間的な特性のあることが分かる。

海洋建築物の設置形態は、①建築物の一部が海岸線から海域に突出したり、張り出す形態を取る接岸着地型。②建築物の一部が陸域と接しながらも躯体全体が海域に立地する形態を取る接岸接水型。③建築物はすべてが陸域から離れ海域に立地し、陸域とは特定な桟橋等により物理的に結ばれる形態の離岸連結型。④建築物が陸域から離れ海域に独立して位置し、陸域とは結ばれていない形態の離岸独立型。に分類することができる。

アクセス通路については、接岸着地型の場合、建築物（躯体）の一部が海上に張り出すため、陸域に位置する部分に出入口を設けることができ、そこにアプローチを取り付けることが

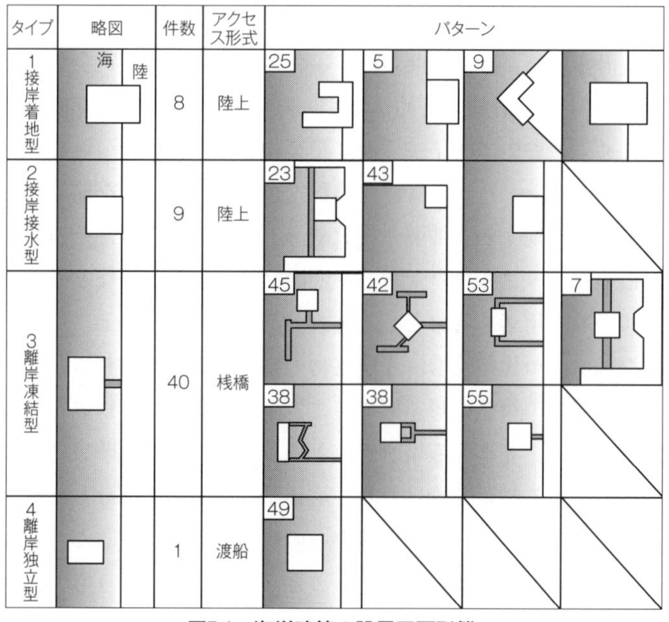

図7.1　海洋建築の設置平面形態

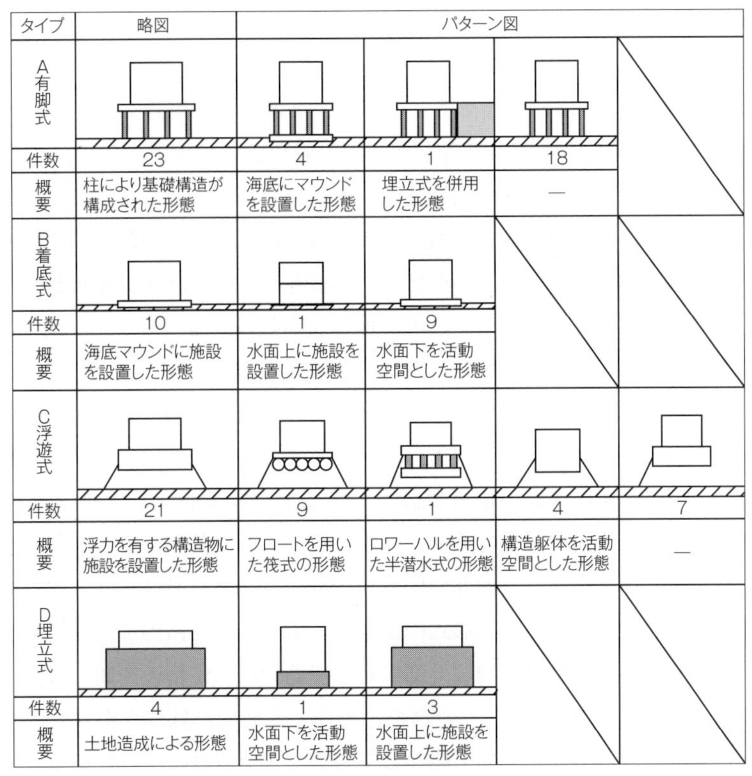

タイプ	略図	パターン図			
A有脚式					
件数	23	4	1	18	
概要	柱により基礎構造が構成された形態	海底にマウンドを設置した形態	埋立式を併用した形態	—	
B着底式					
件数	10	1	9		
概要	海底マウンドに施設を設置した形態	水面上に施設を設置した形態	水面下を活動空間とした形態		
C浮遊式					
件数	21	9	1	4	7
概要	浮力を有する構造物に施設を設置した形態	フロートを用いた筏式の形態	ロワーハルを用いた半潜水式の形態	構造躯体を活動空間とした形態	—
D埋立式					
件数	4	1	3		
概要	土地造成による形態	水面下を活動空間とした形態	水面上に施設を設置した形態		

図7.2　立面形態

できる。そのため、アクセスについて制約はなく自由度が高い。接岸接水型の場合は、建築物全体は海上に位置しながら、建築物の一部分が陸域に接することになるため、陸域に接した部分に出入口を設けることができ、そこにアプローチを取り付けることができるため、アクセスする上での制約条件は生じない。離岸連結型の場合は、建築物は陸域から離れて海域に位置するため、建築物と陸域を結ぶアプローチは、栈橋等の固定化されたアクセス通路により線的に結ばれる形態を取るものが多い。また、このアクセス通路は通行路以外に船着場や釣り栈橋、観覧通路として多目的に利用される場合もある。離岸独立型の場合、建築物は陸域から離れて海域に独立して位置するため、建築物へのアプローチとしての固定化されたアクセス通路はなく、船舶による渡船や図7.2に示すようなヘリコプター等の多様な移動機器を用いることができ、アクセス手段において自由度が高い。一方、建築物からの避難が強いられる状況を想定して、同時に不特定多数の人々が円滑で容易且つ迅速に安全な場所に避難行動ができるように、アクセス通路は、避難行動の妨げにならないような規模（幅員・延長）を備え、複数の方向に向けて設置したり、多様な移動機器の使用が可能なように配慮する必要がある。

（2）海洋建築物の基礎構造形式

海洋建築物を支える下部構造形式は、杭や支柱による有脚形式、重力式による着底形式、バージ等による浮遊形式に分類することができ、この上部空間に据え付けられる建築的な機能・用途空間との接合形式により積載式と一体式に分けられる。積載式の場合、下部構造を基盤として形成された床面の上部に建築的な機能・用途空間が積載（搭載）されるため、外部空間が設けやすい（例：福岡県福岡市シーサイドももちマリゾン、熊本県天草郡河浦町海上コテージなど）。一体式の場合は、下部構造と上部の建築的機能・用途空間が一体的に結合されるもの（例：和歌山県白浜の海中展望塔など、大阪府和泉南郡岬町大阪府立青少年海洋センターなど）や、下部構造と上部の建築的機能空間との接合境界部を形成する床面部分を外部に拡張してデッキやテラスを設ける場合がある（例：新潟県三島郡寺泊町寺泊水族博物館、静岡県熱海市ホテルニューアカオなど）。そのため、下部構造形式における海面と床面との高さ関係は、有脚形式の海洋建築物の場合は、設置海域の満潮時の海面の高さに台風などの高潮時の海面上昇の高さを考慮し、さらに陸域との接地関係を考慮することで決定しているため、海面よりもかなり高い位置に床面を設定するものが多くなり、水面との接水性が期待できない場合がある。そこで、たとえば、マリゾンの場合は、デッキ面より低い位置に設けられた親水デッキは満潮水面よりも50cm程度高い位置に設置することで接水性・親水性を高めている。また、下部構造形式が着定形式の建築物では、海中に据えられた基礎部分と上部の躯体部分が一体的な空間を形成している場合は、内部の居室の一部が海面下に設けられ（例：熊本県本渡市天草海底自然博物館など）たり、浮遊形式の建築物においても浮函内部に建築的な機能・用途を備える場合があり。こうした建築物は外部に対して閉鎖的な性格の空間となる（例：静岡県下田市アクアドームペリー号など）。そのため、躯体と海面の高低差（喫水）が大きくなり接水性は望めない。代わりに上部に外部空間としてのデッキを設ける場合があるが、海面との高低差があるため、荒天時の波浪の影響は少なくなる。

海洋建築物の設置された場所における自然環境条件は、陸域側と海域側との双方の条件が建築物にそれぞれ作用する。そのため、各海洋建築物においては、地域の自然特性を踏まえることで建築計画的な解決が要される。特に、海域における潮流や波浪の影響が建築物に作用する場所では、その解決策として下部構造形式を有脚形式の支柱とすることで流れや波浪からの影響を軽減すると共に、漂砂など海浜環境を撹乱しない配慮が成されている。また、有脚形式＋導流堤を設けることで潮流等の影響緩和を図ることも有用である（愛媛県北条市太田屋旅館）。さらに、岩石海岸の岩盤上に有脚形式の支柱を建てた建築物の場合、岩盤で生じる砕波の影響を緩和するために基礎構造部と上部躯体との間に設けられた床面をメッシュ状にすることで、波の打ち上げ力の影響を緩和しているものがある。そして、風況の強いところに建つ建築物の場合、庇部分をルーバー状にすることで、日差しを遮りつつ、強い海風の影響を軽減している工夫もある。

建築的な配慮により自然環境条件から受ける環境圧を軽減する工夫が要されるが、荒天時には建築物へのアクセスが制限されたり、待避が求められることなどリスクが生じる場合があるため、付近の気象条件、海象条件は、常時、観測・通報する体制を整えておくことが重要となる（図7.3、7.4）。

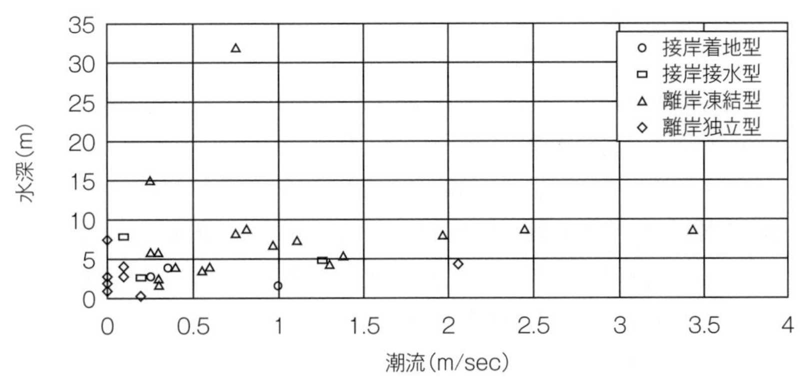

図7.3 海象条件と平面形態

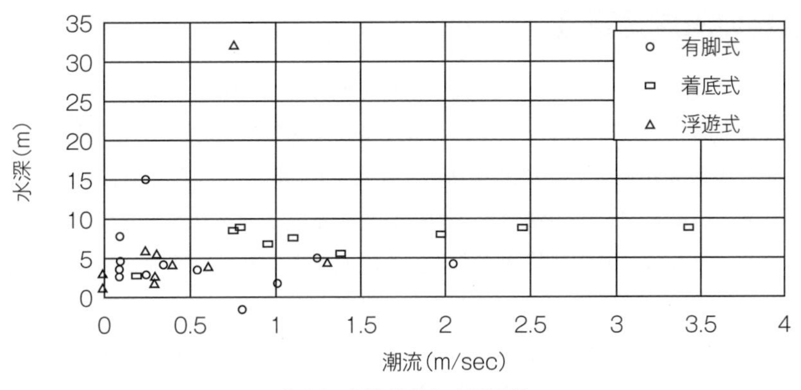

図7.4 海象条件と立面形態

(3) 立地する場の多様性

浮体式構造物が立地する水域条件や沿岸域特性など、地理・地形的な自然環境条件に着目することで、建物を建設する上での立地選定に見られる特徴を捉える。

立地水域に着目すると、13事例は従前の海洋建築物の調査で見られた外洋性で環境圧の高い水域での水面空間利用ではなく、概ね環境圧が比較的穏やかな閉鎖性水域や内湾域及び河川河口部並びに運河など流況の影響や波浪の影響が少なく、静穏度の高い水深の浅い水域である。その一方で、地球温暖化による水位上昇による水没被害を伴う湖沼や潟湖にも立地していることが分かる。こうした場所は干潟や湿地で底質条件や生態環境条件など、施設建設の上で環境的配慮が要される環境的に脆弱性を伴う場所でもある。そのため、従来までは施設の建設が回避されてきたり、あるいは浮体式と比べて比較的安価な杭式構造物を用いることで、環境的負荷を少なくしたり土地の改変を最小化する方策や工法が取られてきた。

(4) 機能・用途

海洋建築物の事例の機能と用途を見ると、居住、飲食、余暇、展示、教育、運動、業務、交通など、必ずしも水域立地が要される水域への依存性や水域との関連性の度合いが高いものではないことが分かる。居住機能としての住居の場合は、居住者の趣味趣向や考え方及び陸域部が水害を被ることで水域立地しているものがある。飲食機能では、設置場所の持つ歴史性や文化性を反映すると共に、快適性、斬新さを加味することで水域立地している。余暇機能は、設置場所の使われ方や立地水域の審美性、景観的要因に基づくものと、場所性を意図して水域立地しているものとがある。展示機能は、基盤部分の跡利用と地域の歴史性及び水域という場所性をシンボル化する意味を含めて水域立地している。教育機能は、本来の機能が位置する場所が、気候変動の影響により災害を被るため、対応方策として水域立地している。運動機能は、設置期間限定による仮設施設として水域立地。業務機能は、業務の効率化や移動性及び陸域の制約解除並びに海洋エネルギーの有効利用を図るため水域立地している。交通機能は、運用上の効率重視により水域立地している。

7.3　狭義の海洋建築物

海洋建築を「建築基準法」によって定義される建築物を建築する行為あるいはその工作物だと定義する考えもある。建築行為という表現は建築基準法で規定される建築物を建築する行為を意味する。その意味からは、建築基準法の下では7.1で解説された「海洋建築とは、人間の海洋における活動環境を安全かつ快適なものに整備することであり、さらにその活動の目的に応じて具体化させたものが海洋建築物である」を説明できるとはいえない。海洋建築の概念の創成期には海洋工学の中で建築が担うべきことや役割が意図的に意識されていたのだと考えられるが、その後は徐々に現実的に建設される、あるいは建設できる海洋建築物像が強く意識されるようになっていったのだと推察される。1980年代後半から90年代前半までは日本の造船・重工業分野では海外向けの海洋石油関連施設の設計・建造が行われていたが、受注件数が徐々に減っていき、一部の企業を除いて新造の沖合プラットフォームの建造はほとんどなくなっていった。日本国内では海上での石油や天然ガス開発は数える程度（岩船沖油ガス田のプラットフォームのみ現在も稼働中）である。しかもそれらは固定式プラットフォームであるため、海洋構造物形式としてのバリエーションも実際には国内ではほとんど実績がなくなっていった。浮体式構造物としては1994年から実施されたメガフロート技術研究プロジェクトが日本で建造された大規模浮体（メガフロート自体は世界初の実証機）の最後である。海洋石油プラットフォームは、浮体式でも海底に固定される形式であっても日本国内では建築基準法によって設計されるわけではないし、前出のメガフロートも同様である。このことから建築基準法に縛られる海洋建築の概念だけでは建築工学が海洋空間利用に寄与することの足枷になる場合もあると考えられる。

2012年まで着床式（固定式と同等であるが最近はこの表現が一般的である）の洋上風力発電システムの基礎構造およびタワーの設計は建築基準法による構造評定を受けていた。これは洋上風力発電の開発を進めるために同時に建設された海上の風況観測タワーも同様である。2013年以降、洋上風力発電システムは構造評定を受けることはなくなり、電気事業法の範疇での審査に切り替わった。構造評点に費やす手続きや時間を節約して、開発を効率的に進める意図もあったと推察される。しかしながら、風況観測タワーについてはいまだ構造評定の対象となっている。ここで述べたいことは外見が建築物らしいから建築物ではないということである。そして、場合によっては適用される法律が変わったり、それによって使用されるガイドラインや規則・基準が変わってしまうことがあるということである。

横浜みなとみらいの港湾区域に浮かぶ水上ターミナルである“ぷかり桟橋”は船舶安全法と建築基準法が同時に適用された浮体式（浮遊式）構造物である。2 階はレストランである。外観は建築物らしいが、船舶登録された船であるともいえる。一方で、東京都の天王洲の運河に浮かぶラウンジとして計画・設計されたウォーターライン（現在は T.Y. Harbor River Lounge）は基盤であるポンツーンが船舶安全法による船級を取得し、ラウンジである上部建屋は建築基準法が適用された建築物である。

7.4　Marine Architecture

ネット検索などで容易に海外の状況を調べることができる今日では、Marine Architecture というキーワードを検索すると、様々な海辺の建築、海上・水上の建築がヒットする。それらの多くは浮いた建物や建物の集合体などである。そして同様に、ヨットやマリーナの水上の計画の様子やクラブハウスなども見つけられる。それらのデザインは海洋石油開発などで見られる海洋構造物とは明らかに異なり、建築そのものに見えるものが多い。同じように Oceanic Architecture あるいは Ocean Architecture のように Architecture を海に関する単語と合わせたキーワードでの検索でも建築家がコンセプト提案した海辺や海上の建物のデザインがヒットする。あるいは建築家がデザインしたプレジャーボート（英語では Yacht）などを見ることもできる。

7.5　海洋工学における建築

海洋工学に含まれる分野は広い。船舶工学における船舶そのものから浮体式構造物などの海洋構造物、係留装置の施工やケーブル敷設を含めた海洋土木構造物や施工はわかり易い。海洋再生可能エネルギーとか洋上風力発電は発電装置や発電事業が対象であるから電気工学分野が直接絡んでいる。実際に、欧米やその他の海外の国々で多くの研究者によって海洋再生可能エネルギーに関わる装置研究やエネルギーポテンシャル研究が行われているが、電気工学分野からの研究者や事業者が非常に多い。彼らは海洋石油開発における海洋構造物研究を元々知らない立場であったので、海洋工学分野へは新規参入してきた人々ともいえる。海中の構造物の取り扱いや維持管理では海中ロボットが活躍する。日本においても将来的な海底鉱物資源開発のための新たな海中機械装置の開発、海中ロボットである ROV（Remotely Operated Vehicle：遠隔操作型の無人潜水機）や AUV（Autonomous Underwater Vehicle：自律型潜水機）の開発も継続されている。これらはロボット工学である。海洋情報の取得技術や通信技術は高度な観測による短期的、中長期的海洋環境の予測から燃費効率化のための航路選択などにも役立つ。まさに情報通信工学である。そして、海洋の海面近くの情報の多くは衛星リモートセンシングによるものであり、宇宙工学と海洋工学のコラボレーションが行われている。

人が直接活動する場をつくり出せばそれは建築、少なくとも建築的空間とみなすことができよう。それを建築デザイナーが提案することは前節で述べたように海外では当たり前のように行われている。そしてそれらを設計したり施工したりすることに建築技術者が直接かかわるとすれば、それも全く特別なことではない。2020年９月にオープンした東京国際クルーズターミナルは桟橋構造の海洋構造物（土木構造物）の上載構造物としてターミナルが建築された。その構造は下部構造である桟橋と一体化しており、その設計・施工では建築技術者と土木技術者がまさにコラボレーションした非常に珍しい構造物である。建築技術者が海上の構造物（あるいは建築物）の設計・施工にかかわることは昔から行われていた。海洋工学分野における建築の役割は人が活動する空間を提供していくことであると考えられる。

おわりに

本章は海洋建築の概念や定義が呈示された背景とその内容を解説し、さらに海に立地する建築物という視点で海洋建築の特徴や空間構成、構造形式を簡潔に整理した。そのうえで、建築分野における狭義の海洋建築の捉え方と当初の概念に戻って広く海洋建築を捉える必要があることを海外における建築家の海洋建築物提案を紹介しながら解説した。そして、建築分野がどのように海洋工学に関わるべきかを提示した。次章では海洋建築がどのような場所でどのような用途で利用されているのかが解説される。

第 8 章
海洋建築の利用

Use of Oceanic Architecture

菅原 遼

はじめに

本章のねらい：本章では、国内外における海洋建築の多様な機能用途の概況を把握した上で、海洋空間利用を展開していく上での海洋建築の役割を理解することを目標とする。

キーワード：海洋空間利用、機能用途、浮体式建築物、水上住居

8.1 国内外の海洋建築の利用動向

近年、世界各国では、海洋空間の積極的な利用が展開されてきており、海洋空間の有効利用によるメリットの最大化を図る観点から、多様な機能・用途を備えた海洋建築の具体化が進められている。特に昨今では、居住機能や余暇機能等の日常利用を前提とした海洋建築の導入に加えて、将来的な気候変動に伴う洪水の頻発化や海面上昇の進行への対応策としても海洋建築の役割が注目されてきており、持続的な都市環境の形成を意図した海洋建築の利用による海洋空間利用の試みが世界的に取り組まれている。

日本においても海洋建築の具体化が各地で展開されてきている。東京都や大阪府の都市臨海部では、都市河川や運河の水上に飲食施設や宿泊施設を具備した浮体式施設（図8.1）が建設され、新たな地域価値を生み出すための要素として海洋建築の存在が位置付けられ始めている。こうした取り組みは、海洋建築を媒介として都市生活者の日常的な生活範囲が水辺や水上へと拡張されつつある動向として注目できる。また、地方都市の沿岸部では、閉鎖した海洋建築の再利用を図り現代的な機能用途へと転換させることで、海洋空間を活かした新たな観光拠点の形成に繋げる取り組みも進められている。日本における海洋建築の利用としては、1950年代以降、菊竹清訓や丹下健三らが提唱してき

図8.1　東京都臨海部の運河上に建設された浮体式の宿泊施設

た海上都市構想が挙げられる[1]。過密化した都市環境の新たな発展方向として海洋空間利用を図る本構想は具体化には至らなかったが、昨今の海洋建築の利用の動向は、海洋空間利用を支える海洋建築の役割が「構想」段階から「実装」段階へと移行し始めているといえる。

このように世界各国で建設が進む海洋建築が具備する機能・用途は、古来より欧米諸国や東南アジアを中心に形成されてきた水上の住居施設（水上住居）にとどまらず、宿泊施設や業務施設、レクリエーション施設等、地域の実情や社会的要求に応じるかたちで多機能化してきている状況が見て取れる。こうした海洋建築の利用の動向は、従来までの広域的な海洋空間の開発を支えるための超大型施設としての役割だけでなく、人間の日常生活の豊かさに生み出すための身近な水辺空間の利用・活用や、環境問題及び地域課題の解決への貢献等、海洋建築に求められる社会的役割が多様化してきている状況がうかがえる。

そこで本章では、昨今の世界各国における多様な海洋空間の利用動向を概観し、そこに見られる海洋建築の機能・用途を分類・整理を行った上で、実際に建設された海洋建築の特徴を概説し、海洋建築の今日的役割について検討する。

8.2　海洋建築の機能・用途

ここでは、多様な海洋空間利用を支える海洋建築の機能と用途に着目し、多面的な機能を具備する海洋建築の傾向を整理し、日常的な利用に供される海洋建築の動向を概観する。

表8.1は、世界各国において2000年以降に建設された海洋建築の事例に基づき、海洋建築の

表8.1　海洋建築の機能・用途の分類と実例[3, 4]

機能	用途	海洋建築の実例（国名）
居住機能	住居 学生寮	Schoonchip（オランダ） Urban Rigger（デンマーク）
商業機能	飲食施設 宿泊施設	River Lounge（日本） PETALS TOKYO（日本）
余暇機能	レクリエーション施設 レジャー施設	リーフポンツーン（オーストラリア） The Floating Kayak Club（デンマーク）
業務機能	事務所 酪農施設	Floating Office Rotterdam（オランダ） Floating Farm（オランダ）
展示機能	展示施設 博物館	Floating Pavilion（オランダ） 展示博物館（ドイツ）
教育機能	学校施設 環境教育施設	フローティング・スクール（ナイジェリア） ブロックホールズ・ビジターセンター（イギリス）
運動機能	コート プール	ザ・フロート（シンガポール） フローティングプール（デンマーク）
交通機能	フェリーターミナル	東京国際クルーズターミナル（日本） フェリーターミナル（アメリカ）
公園機能	公園	Little Island（アメリカ） Floating Park（フランス）

機能・用途に分類したものである。海洋建築が具備する諸機能を整理すると、居住機能、商業機能、余暇機能、業務機能、展示機能、教育機能、運動機能、交通機能、公園機能に分類できる。以下に海洋建築の機能別の特徴を整理[2]する。

① 居住機能：地域特有の歴史性に基づき水上住居群が形成されてきたものに加え、昨今では、居住者の水域活動の要望や環境意識への対応に基づき水上住居群が建築されてきている（図8.2）。また、都心部の過密化・高騰化した居住環境からの脱却や水害対応等の地域課題への対応策としても位置付けられている。

図8.2 新たに造成された水面上に建設された水上住居群（オランダ）

② 商業機能：立地水域の文化性が反映されているとともに、飲食施設や宿泊施設等を水上に立地させることによる快適性や景観性が魅力の一要素（図8.3）として位置付けられている。

図8.3 大阪市の河川上に設置された浮体式の飲食レストラン

③ 余暇機能：周辺水域を活かした海洋性レクリエーション活動を補完する目的として設置されており、都市近郊部や観光地での自然環境を活かした余暇活動の発展を意図した施設として位置付けられている。観光要素となり得る海中の多様な生態系への配慮から浮体式施設の採用がなされている事例もある。

④ 業務施設：都市近郊部の低・未利用化した水面の活用や業務の効率化等を意図した施設として位置付けられている。また、都市近郊部の水面への立地により都市中心部との事業提携を図ることが意図されている。加えて、施設内の各種設備系に海洋エネルギーの有効利用を図ることで水域の立地性を活かした施設運用が図られている[5]。

図8.4 デンマーク・コペンハーゲンの河川上のフローティグプール

⑤ 展示機能：設置地域の歴史性や地域課題を発信するシンボル性のある拠点施設として位置付けられている。また、移動性を有する浮体式施設を導入することにより一時的な展示施設としてのテンポラ

リーな機能を有する事例もある。

⑥ 教育機能：設置地域における気候変動に伴う被害の軽減を意図した水上立地の採用や水辺立地による環境教育機能の最大化を意図した施設として位置付けられている。

⑦ 運動機能：都市生活者の日常的な運動を補完するための施設（図8.4）や設置期間を限定したイベント性の高い仮設の施設として位置付けられている。

⑧ 交通機能：都市河川における観光船事業の運営・運用の効率化や乗船客を受け入れるターミナルを意図した施設として位置付けられている。

⑨ 公園機能：水辺・水上のもつオープンスペースとしての空間性を活かし、都市生活者の都市活動を受容する施設として位置付けられている。また、比較的水辺へのアクセスが限定的な都市河川においては、パブリックアクセスの確保の手段として浮体式や杭式による公園施設が導入されている。

以上で取り上げた海洋建築の機能・用途を概観すると、必ずしも水域立地が必要とされる施設や水への関連度が高い施設だけではなく、水辺に立地することにより、施設自体の魅力の向上に繋げ、施設の利用効率を高めることを意図した海洋建築の利用の動向を見ることができる。また、設置地域の地理地形的条件によって受ける気候変動への影響を考慮した対応策として海洋建築を利用している状況もうかがえる。さらに、単一的な機能・用途にとどまらず、「フローティング・アイランド（韓国）」に代表されるように、コンベンション機能や展示機能、業務機能等の複合的な機能・用途を具備した大型の浮体式施設の導入も進められてきている（図8.5）。

国内外において建設されている海洋建築の設置水域は、外洋の環境圧の高い水域ではなく、比較的環境圧が穏やかな閉鎖性水

図8.5　韓国・ソウルに建設された複合機能が具備された浮体式施設

図8.6　福岡市沿岸部の水上に建設された有脚形式の海洋建築

図8.7　東京都臨海部の運河上に建設された浮体形式の海洋建築

域や内湾水域、河川河口部、運河等の流況や波浪の影響が少なく、静穏度の高い水深の浅い水域が選定されている[6]。また、下部構造の構造形式は、概ね有脚形式（図8.6）と浮体形式（図8.7）が採用されており、特に浮体形式ではバージ（台船）やポンツーン（浮函）を用い、その上部に施設を建築している。浮体形式を導入することにより、施設の移動が容易となり、設置水域の選定やニーズに応じた移設が可能となる。

8.3 「住む」ための海洋建築の利用

欧米諸国や東南アジアの各国では、古来より、地域の歴史性や文化性、自然環境との共存等を背景とした水上生活の文化が培われてきており、それを支える建築として水上住居群が形成されてきた。今日においては水上の生活風景が想像し難い日本ではあるが、九州地方の島々や瀬戸内海においては、漁民から発展するかたちで水上生活の文化が構築されてきた[7]。また、戦後期の混乱の最中において、都市河川には水上まで張り出した不法建築物が数多く建設され、川の上には船の上で暮らす水上生活者が溢れていた。その後、戦後復興や経済成長の過程において、都市河川や運河の埋め立てや暗渠化が進み、水上生活の面影はほとんど見ることはなくなった。

日本では消失してきた水上生活ではあるが、欧米諸国では、豊かなライフスタイルを生み出す生活形態として、都市部近郊の静穏性の高い水域を中心に水上生活が今日まで継承されてきている。アメリカでは、サンフランシスコやポートランド、シアトル等の西海岸を中心に水上住居群が多数形成されている。また、オランダ・アムステルダムの運河沿いに係留された水上住居群は「水の都」を象徴する景観資源として認識されている（図8.8）。

図8.8　アムステルダムの運河の水上住居が浮かぶ風景

アメリカにおいて最大規模の水上住居群を形成している都市としてオレゴン州ポートランドを取り上げる[8]。オレゴン州には、水上コミュニティが41ヶ所存在し、各コミュニティには平均約30～40軒の水上住居が係留され、その総数は約1,500軒にも及ぶ（図8.9）。こうした水上住居は水上での生活を旨とした設計がなされており、屋外の水辺空間に対して大きな開口部を設けることで、住居内部からは豊かな水辺景観

図8.9　数多くの水上住居が密集するポートランドの水上コミュニティ

表8.2　ポートランド・コロンビア川における水上住居の建築形態の分類

 フローティングホーム（Floating Home）	 コンボ（Combo）
 ボートハウス（Boat House）［単一型］	 ボートハウス（Boat House）［連棟型］

を眺めることができる。また、表8.2に示すように、水上住居の住民の多くはプレジャーボートを所有しているため、水上住居の建築形態は、住居機能単体の「フローティングホーム（Floating Home）」と住居内部に船舶の保管場所を併設した「コンボ（Combo）」に大別される。それに加えて、プレジャーボートの保管機能のみを具備した水上の建築物として「ボートハウス（Boat House）」と呼ばれる船小屋も数多く建設されている。ポートランドにおいて水上住居を建設・設置する場合には、水上コミュニティが管理する桟橋に水上住居を係留する必要があるが、その際、水上住居の所有者は、係留水面を「賃貸」するか「購入」するかによって係留施設を選ぶことができる。水上住居に関する課税については、陸上の住居と同様の課税がなされ、水上住居（建物）と係留水面（土地）の両方が課税対象とされている。係留水面を「賃貸」した場合、水上住居と係留水面の双方の評価額に応じて課税がなされる。一方、係留水面を「購入」した場合は、係留水面の評価額分が非課税の扱いとなるため、水上住居の所有者は水上住居の評価額分のみを支払うこととなる[9)]。こうした水上生活を支える仕組みが構築されている点は日本との大きな違い

図8.10　アムステルダムの水面開発により整備された新たな水上住居群

といえるであろう。

都市近郊部における水上生活は、昨今、自然環境との共存を意図したライフスタイルとしても注目されてきている。オランダ・アムステルダムの河川上に新たなに開発されたアイブルフ地区では、埋め立てによる住宅地整備が行われており、陸域の住宅地開発に加えて、貯水池の機能を有した水面を造成し、その水面上に水上住居用の分譲・賃貸エリアである「Streigereiland」が開発されている（図8.10）。運河沿いの水上住居の風景が有名なオランダ・アムステルダムでは、こうした水上生活を受け入れる新たな水面開発が日々進められている。また、デンマーク・コペンハーゲンでは、市街地中心部の住宅不足への対応策として、輸送用コンテナを活用した浮体式の学生寮「Urban Rigger」が建設され、都市問題の解決の糸口として海洋建築の導入による水面活用が注目されている(図8.11)。

図8.11　コペンハーゲンにおける輸送用コンテナで構成された浮体式の学生寮

8.4 「働く」ための海洋建築の利用と気候変動への対応

オランダ・ロッテルダムの中心市街地近郊の港湾水面に建設された浮体式の酪農施設である「Floating Farm」は、本来、郊外部に立地していた生産施設を都市近郊に配置させることで将来的な都市課題の解決に繋げるための取り組みである。ロッテルダムは、広大な海抜ゼロメートル地帯を有しており、将来的な海面上昇や都市型洪水の頻発化による影響が危惧されており、その対応策として、浮体式建築物（Floating Pavilion）の導入試験が行われてきた（図8.12、8.13）。こうした地域的背景を踏まえ、Floating Farm は、海面上昇による市内の農地不足や将来的な人口増大による農地需要の増大への解決策の試験的取り組みとして建設された。設置水域は港湾跡地の低・未利用化した水面が活用され、都市近郊部に立地することにより、輸送時の二酸化炭素排出の軽減への寄与が想定されている。同じくロッテルダムの港湾水面に建設された業務施設として「Floating Office Rotterdam」を挙げることができる。本施設についても将来的な海面上昇時の浸水被害の低減を意図して浮体形式が導入されたものであり、CLT（直交集成板）を躯体に採用した木造3階建てとなっている。このように業務施設や展示施設

図8.12　ロッテルダムの浮体式建築物の試験的取り組み

等の「働く」ための施設において海洋建築の導入が進められており、特に将来的な気候変動に伴う海面上昇や河川氾濫等による水害被害を軽減する手立てとして、建物自体を浮かすことによる柔軟的な対応策が図られてきている。

図8.13　浮体式の海洋建築の内部を利用した展示施設

おわりに

世界各国で展開されている海洋空間での海洋建築の利用は、従来までの大規模な空間利用や都市性、公共性、集客性等に主眼を置くことで取り組まれてきたものと異なり、日常的な範疇における施設の機能・用途が組み込まれるようになってきている。また、地球規模での気候変動の影響への対応策として、海洋建築のもつ浮かぶ特性が再評価され、将来的な水害リスクを有する国内外の地域を中心に海洋建築の具体化が進められている。このように、地域の実情や地域課題（都市問題、環境問題、水害リスク）への適応を意図した海洋建築の多面的な役割が認識され始めている。こうした自然環境に対応した海洋建築は、技術的にはすでに実現可能の段階であり、今後は、多面的な水辺・水上利用を支える水域の都市・地域建築や海洋建築の建設基準の検討に加え、気候変動への柔軟的な対応を前提とした暮らし方の再考も必要となる。

第9章 海の建築の立地特性

Suitable Spaces for Design of Oceanic Architectures

小林 昭男

本章のねらい：前章における海洋建築の利用を立地条件の観点から考えることができるように、海洋建築の立地を海岸後背域、海岸域、海域に分けて、それぞれの地形、気象、海象の特性と建築との係り合いを理解目標とする。

キーワード：沿岸域、海岸背後地、河川氾濫、海岸域、埋立、浸水被害、海域、波力発電、洋上風力発電

はじめに

建築の対象としての沿岸域の立地を考えると、空間の特徴が多様であることに気付く。そこで、本章では、沿岸域の範囲を空間の特性や人間の活動に合わせて、図9.1に示した空間概念として、海岸後背域、海岸域、海域に分けてその特徴を解説する。海岸後背域と内陸域との陸側の境界は、海風によって飛塩や砂塵の影響がある区域とし、海側の境界は、砂丘前面や海食崖前面、あるいは堤防、護岸までとする。海岸域は、海岸後背域の境界から、従来に人工島などの建設が行われてきた水深20～30m までを境界とする。海域は海岸域の海側の境界から排他的経済水域の沖側境界までの範囲とする。これらの空間における地形、気象、海象の特徴をはじめに示し、次にそれらと建築の係り合いを解説する。

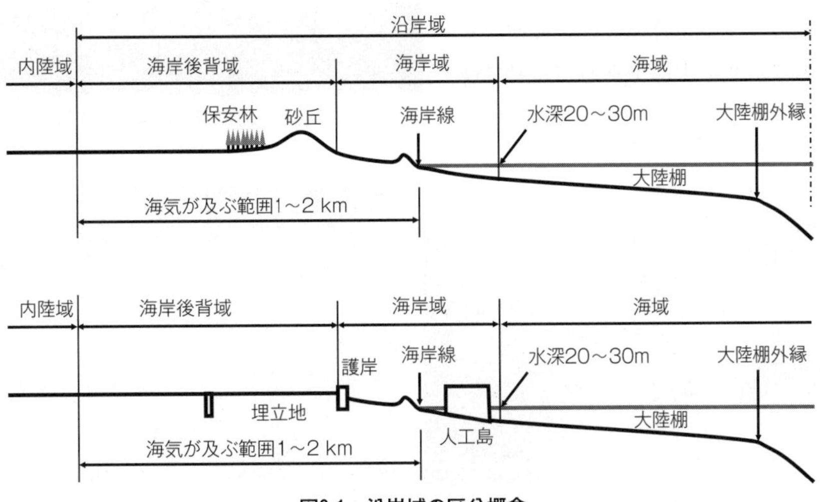

図9.1　沿岸域の区分概念

9.1　海岸後背域の特徴

（1）地形・地質・海気

海岸後背域は海岸砂丘や崖あるいは護岸から内陸に広がる地域である。多くの場合、崖は隆起した後の侵食地形であり、崖の後背域は台地で平坦である。海岸砂丘の後背域では、内陸側に縄文海進時の海食崖や低い丘が存在するが、ほぼ平地であり標高は海岸に向かって徐々に低くなる。一方、波の遡上で汀線付近に砂が堤状に堆積した地形を浜堤といい、海進の後に数度の海退の時期ごと形成された浜堤が列をなしている地形がある。また、波で侵食された浅い海底の平坦面が、隆起などの相対的な海水面低下によって段丘状の陸地となった海岸段丘もある。ここで、陸からの相対的な海水準の上昇によって海岸線が陸側に前進することを海進といい、その反対を海退という。縄文海進は、約7,000年前の氷期以降の温暖化で生じた海進である。

海岸後背域の地質は砂や泥であることが多く、地盤の耐力が不足する場合や、地震時に液状化が発生することもある。さらに、地盤高の低い地域や扇状地の先端域では、地下水位が高く、特に河川の流域では降雨による浸水被害が発生しやすい（図9.2）。

海岸砂丘や崖、護岸や堤防に波は遮られるので、高潮・高波による浸水影響はないが、津波に対する防護施設がない場合や地盤の標高が低い場合には、浸水被害が生じる可能性がある。そのために津波避難ビル、防潮堤、津波避難タワー（図9.3）、いのち山（図9.4）などが建設されている。また、気仙沼港では、防潮堤機能を持たせる建築的なデザイン（図9.5）もある。一方で風害については、飛塩や飛砂の影響があるが、海岸からの距離とともにその影響は減衰し、海岸林が植林されている場合には、さらに影響は緩和される。一方で崖の後背域では、海面からの比高にもよるが、飛塩や飛砂の影響は砂丘背後ほど大きくない。

図9.2　河川氾濫による浸水被害[1)]

図9.3　津波避難タワー（千葉県旭市三川）

図9.4　いのち山（千葉県山武市井之内）

図9.5　防潮堤と建築物（気仙沼港）

台風などの強風により、海岸からの距離が近く、風を遮るものがない場合には大きな風害が生じ、特に、窓ガラス、屋根、外装材の損傷が生じやすい。一方で、気象が穏やかなときは、日中は海から陸に向かって海風が、夜間は陸から海に向かって陸風が吹く。朝夕の風向が入れ替わるときには、風が穏やかになる朝凪と夕凪があり、快適な建築空間でもある。

(2) 海岸後背域の建築の立地特性

海岸後背域を居住あるいは産業の立地空間としてみると、海岸域に近い地域は、従来から耕作地や近接する漁港・港湾に関連する産業に従事する人々の居住や活動の空間として利用されてきた。特に内湾の大規模な埋立による臨港地区では、海運のための物流倉庫とその管理のための建築物、輸入資材から製品を製造する工場などが建設されている。また、その内陸側には高層の事務所建築物やホテルが建設され、一大商業・工業地域が形成されている（図9.6）。

図9.6　ウォーターフロントの建築物（横浜港、撮影 菅原遼氏）

一方で、レジャーや観光空間としてみると、海岸との境目である護岸の前面海域が比較的静穏である場合には、ヨットやプレジャーボートを係留するマリーナ（図9.7）として利用されることがあり、その管理運営や利用者のための建築物が建設され、良好なレジャー空間が形成されている。また、海岸後背域の近傍には風光明媚な海岸のあることが多く、海水浴や海産物を楽しむ観光客のためのホテル（図9.8）

図9.7　マリーナ　（撮影 菅原遼氏）

やレストランが建設されている。

図9.8　海岸付近のホテル

このように海岸後背域は、建築計画や都市計画の工夫によって良好な生活や観光の空間を築くことが可能である。また、大規模な商業・工業建築物が建設できる広い空間があることも特徴である。一方で、建築物には、海岸に近いほど風害対策が必要であり、海塩粒子による発錆対策、細粒の飛砂による汚損対策、海からの強風を遮るものがない場合には暴風対策が必要になる。また、地質条件によっては地盤の液状化対策、地盤改良工事、杭地業が必要になる。

9.2　海岸域の特徴

（1）地形・地質・海象

本章で定義した海岸域は、砂丘背後や海食崖から海岸線を越えて水深20m 程度までの範囲であり、地形は海浜、岩礁あるいは海食崖で形成されている。海食崖の海側には海食台や波蝕台の岩礁海岸が存在する。砂丘の海側から汀線に向かう砂浜の範囲は、暴浪時の波の遡上限界や、静穏時の波浪の遡上限界を示す特徴的な地形がある。この地形は周囲よりも若干比高が高い凸上の地形で、その頂部をバーム頂といい、海岸砂丘の海側からバーム頂までの範囲を後浜という。また、バーム頂から低潮位面と陸の交線までの範囲を前浜といい、潮の干満と波の遡上により浸水と干出を繰り返す場所である。前浜の海側から波が砕波し始める位置までの範囲を外浜という。外浜の範囲は砕波帯とほぼ等しく、砕波による底質の移動が激しい場である。外浜よりも海側で波による底質の動きほぼなくなるまでの範囲は沖浜といわれ、その海側は沖合海域につながる。

このように海浜地形は、砂丘から海浜になり後浜・前浜・外浜・沖浜・沖合へ、岩礁海岸は、岩礁から沖合へ、崖地形は、崖前面・岩礁海岸・沖合へつながる。また、海岸地形には、泥浜海岸（干潟）やサンゴ礁海岸もある。海岸の生物は環境に応じて沿岸方向に帯状に分布している。一方で、埋立地の境界の護岸の前面は、砂浜や岩礁であるか、あるいは海面に接している場合がある。特に海浜では、海浜のもつ開放的な特徴を生かした海浜公園が整備され、海辺の自然に親しむことができる。また、海浜から海に突き出した遊歩道の桟橋などの建設により、海辺の雰囲気を一層楽しむことができる。一方で、直接海の猛威に触れる場でもあるので、高波・高潮・津波に対する防護が必要であり、消波構造物や防波堤が構築されることが多い。

(2) 海岸域の建築の立地

海洋性レジャーの代表的な空間である海浜では、海水浴客や観光客の休憩場所やレストランとして、海の家（図9.9）が建設されることが多い。海岸のほとんどは国有地であり、海岸法により常時の占有は許可されず、海の家は建築基準法における仮設建築物として、海水浴シーズンに営業することが多い。近年では、多様な構造やデザインの海の家が増えており、海浜のデザインの一端を担っている。

図9.9 海の家（撮影 菅原遼氏）

海岸線から沖に水深20m の範囲には、日本では7つの海中展望塔が建設されている。海中展望塔は表9.1に示した7基のうちの紋別氷海展望塔以外の6基が自然公園、国立公園あるいは国定公園に建設されており[2)]、海中景観や海洋生物の観察による海洋知識の普及を目的としている。海中展望塔（図9.10）は、海岸とは渡橋で連結されており、渡橋の陸端付近には、レストランや土産物店が建設されていることが多く、観光施設にもなっている。

表9.1 日本の海中展望塔

名称	竣工年	設置水深（m）
白浜海中展望塔	1969	5.1
部瀬名海中展望塔	1970	8.2
串本海中展望塔	1971	7.8
足摺海底館	1971	8.8
玄海海中展望塔	1974	7.3
勝浦海中展望塔	1980	8.7
紋別氷海展望塔	1996	11.6

さらに浅水域では海上空港が建設されている。表9.2に示した海上空港は、海面を埋め立てた人工島（空港島ともいわれる）に建設されている。1975年に完成した長崎空港は、島を切り

崩した土砂を用いて島周辺を埋めて建設された日本初の海上空港である。東京国際空港は1984年から2013年まで供用しながら沖合展開工事が行われて、地先から水深20mの809haの広さを有する。さらに、2013年に完成したD滑走路の空港島は、水深が約20mの海域において埋立とジャケット構造物を併用して建設された。このジャケット構造物の併用は、多摩川河口における河川水の流れを阻害しないための工夫である。関西空港は2期の工事期間があり、1994年の開港までの第1期工事では510haの空港島が建設され、その後の2007年の開港までの第2期工事では、第1期工事の空港島の沖にもう一つの545haの空港島を建設した。この関西空港の建設海域の水深は18mから20mである。2006年に開港した神戸空港は、水深16mの海域で272haを埋立て建設された。一方、同じく2006年に開港した中部国際空港は、水深6～10mの海域で471haを埋立て建設され、北九州空港は水深約7mの海域で160haを埋立て建設された。

図9.10　勝浦海中展望塔

また、神戸港の沖合では、ポートアイランド（1980年完成、面積826ha）と六甲アイランド（1992年完成、面積582ha）[3]という人工島が建設された。これらの人工島は、コンテナバースを有する港湾と工業用地や住宅用地の確保を目的としており、陸岸と橋で連結されている。

表9.2　日本の海上空港

空港名	完成年度	埋立面積 (ha)	埋立土量 (万 m³)	水深 (m)
関西国際空港 第1期	1994	510	18,000	18
関西国際空港 第2期	2007	545	27,000	19.5
中部国際空港	2006	471	5,200	6～10
神戸空港	2006	272	6,600	16
北九州空港	2006	160	2,400	7
東京国際空港 第1～3期	2013	809	6,949	0～20
東京国際空港 D滑走路	2013	95	3,800	20

海岸域の港湾における建築利用には、埋立による横浜港の大さん橋国際旅客ターミナル（図9.11）がある。また、ジャケット構造物を利用した大型の旅客船ターミナルには、東京港国際クルーズターミナルや、横浜港の新港ふ頭旅客ターミナルなどがある。さらに、浮体構造を利用した旅客ターミナルには、横浜港のみなとみらいぷかり桟橋がある。

現在の横浜港の大さん橋国際旅客ターミナルは、2002年に竣工した新ターミナルであり、埋立の周囲の凡その平面寸法は幅110m、長さ450m、建築物の平面寸法は、長さ430m、幅70m

図9.11　横浜港 大さん橋国際旅客ターミナル（撮影 左：大王誠氏、右：菅原遼氏）

で、地下 1 階、地上 2 階建ての鉄骨構造である。屋上や床面はウッドデッキ仕上げとしており、陸岸からスロープで歩いて昇ることができる屋上部からは、横浜港が一望できる。施設内は旅客以外の人々も入出国関係個所以外は自由に出入りできることもあり、大きな観光拠点になっている。

また、横浜港の新港ふ頭旅客ターミナル（図9.12）は、横浜ハンマーヘッドといわれ、旅客

図9.12　横浜港 新港ふ頭旅客ターミナル（撮影 菅原遼氏）

ターミナル、レストラン、ホテル、店舗などの商業施設を含む複合施設であり、こちらも新たな観光拠点になっている。横浜港のみなとみらいぷかり桟橋（図9.13）は、平面寸法が24m×24m で全高が3.2m の箱型浮体の上に、2 階建て鉄骨構造の建築物を搭載したシーバスの旅客ターミナルである。建築物の 1 階が旅客ターミナルであり、2 階はレストランに利用されており、比較的小規模であるが、横浜港臨港パークに近接しており、賑わいの一翼を担っている。

図9.13　横浜港みなとみらいぷかり桟橋

一方、東京港の東京ベイエリアと呼ばれる埋立地では、東京2020オリンピック・パラリンピックの競技会場として大規模な建築物が建設された。東京アクアテックスセ

図9.14　東京アクアテックスセンター[4)]

図9.15　有明アリーナ[5)]

ンター（図9.14）は、延べ床面積65,500m^{2}の大規模水泳競技場であり、建築施工では柱のない大きな空間を覆う大屋根（大スパンの大屋根）を地上で先行して構築し、それを天井高まで持ち上げた後に柱で支えるリフトアップ構法が採用され、躯体や内装の工事を全天候で行う工夫がなされた。また、有明アリーナ（図9.15）は、延べ床面積が47,200m^{2}であり、バレーボールなどの室内競技場として建築された。この建築物も施工において、大スパンの大屋根の架構に工夫がなされた。躯体構築後に屋根の短手方向に柱の間隔で分割した（スパン割りした）ブロックを躯体の端部から接合して押し出すトラベリング工法が採用された。また、港湾機能の増強のために、新たなコンテナヤードの建設やコンテナの効率的な運搬のための海底トンネルや道路の整備がなされている。

人々に親しみ利用されている海岸域の建築物は、その一方で、台風による強風と高潮・高波にさらされることがあり、埋立地では液状化も懸念される。ポートアイランドと六甲アイランドでは、1995年の兵庫県南部地震によって液状化に見舞われ、さらに連絡橋の損傷により陸との交通が途絶えた経験がある（阪神淡路大震災）。また、関西国際空港では地盤沈下が継続したために防潮施設の天端の海面からの比高が低くなり、2018年の台風21号による高潮・高波で浸水被害が生じた。人工島にはこのようなリスクはあるが、十分な対策を講じることにより、平坦で広い建築空間を確保することができる。

9.3　海域の特徴

（1）海域の特徴

本章で定義した海域は、水深が20mより深い沖合の範囲である。大陸棚の海底は勾配が1/100程度の穏やかな地形であるが、水深150～200mで大陸棚外縁に至り、そこから勾配が1/30～1/10程度の急勾配の大陸斜面になる。日本の太平洋側周辺では、大陸斜面の水深は2,000～3,000mに及び、その先は日本海溝（水深8,000m）あるいは南海トラフ（水深4,000m）に落ち込む。ここで、海溝は水深が6,000m以上のプレートの沈み込み地形であり、トラフは水深が6,000m未満の沈み込み帯あるいは窪みの地形である。海溝やトラフの沖合の海底は、勾配が1/100～1/1,000の平坦な深海平原が続く。深海平原から中央海嶺までの間には、海山や深海丘などが存在する。一方で日本海の海底は、水深が2,000m以深で平坦な日本海盆などの海盆と、それ以浅で陸上と同様の起伏、例えば大和堆（頂部の水深400m）などで構成されている。

海域では、水深が深いために台風や低気圧の暴風時には波高の高い風波が発達する。また、30mを超えるような波高を持つ波（フリーク・ウエイブと呼ばれる）が存在することが知られており、船舶の海難事項の原因の一つと考えられている。

（2）建築の立地

海洋では潮流、波、風のエネルギーを電力に変換する発電施設が建設されている。波のエネルギーを利用した発電を波力発電といい、日本では、「海明」という発電施設による調査研究が1976年から海洋科学技術センター（現、海洋研究開発機構）で始められ、さらに「マイティーホエール」（図9.16）と命名された施設が1999年から同センターで開始された。波のエネルギーは波高の2乗に比例するので、海象に大きく左右される課題があるが、装置のエネルギー変換効率と共に蓄電技術の向上により、今後が期待されるエネルギーである[6), 7)]。

洋上は陸上よりも強い風が吹くことを利点とするのが洋上風力発電である。海域では風を遮るものがないので風速は速く、かつ、風速は海面からの高さが高いほど速いので、風力発電施設の設置に適している。風力発電装置の風車は、大きいほど風のエネルギーを吸収できる。ただし、陸上の発電施設では、大型の風車を輸送することが

図9.16　マイティーホエール

困難であるので、大きさに制約がある。一方で、洋上の場合には、海岸域の建設ヤードで製作した大型の風車を、大型のバージ（形状が箱型で甲板が平坦な作業船）に搭載して輸送することができるので、陸上の装置よりも高い位置に、かつ大きな風車の発電装置を建造できる。洋上風力発電施設（図9.17）は、送電効率の低下を防ぐために海岸から約2km以内の海域に設置され、必要に応じて宿泊施設を伴う浮体式の管理事務所が併設される。

図9.17　洋上風力発電施設（撮影　藤島健英氏）

この他にも、海域では、従来から埋在資源の海底石油やガスの掘削や精製のための工場施設を搭載した海洋構造物が建設されている。これらの海洋構造物には、工場施設と共に従業員のためのホテルが搭載されているか、あるいは近傍に浮体式のホテル（accommodation barge）が併設される。これらのホテルが必要な理由は、施設がはるか沖合にあるので、従業員がひとたび施設に搭乗すると3～6ヶ月間は陸に戻らないためである。また、陸から遠方であるために、資材の補給のための中継基地も必要になり、その基地には事務所、資材倉庫、ホテルが搭載される。

海域は広い空間を確保できるので、従来から建築家による海上都市の構想が考案されてきた。また、沖合漁業のための浮体式の港湾機能や加工施設を備えた洋上水産基地も提案された。近年では、洋上のロケット発射基地や宇宙エレベータ基地構想やグリーンフロート構想（清水建設、図9.18）が提案されている。グリーンフロートは、環境未来都市として100％再生可能エネルギーを用い、気候変動により沈む可能性のある島国の人々を救済することが可能としている。さらに、赤道付近に設置することにより、台風を避けることができるので、高波への配慮も無用になる。この海上都市は、現在の技術で建設可能とされており、将来には有用な海洋建築物になるものと考えられる。

図9.18　グリーンフロート[8]（画像提供 清水建設株式会社）

海域のもう一つの特徴に大水深がある。深度が深くなれば圧力も高くなるので、高圧力を利用する施設の建設も考えられる。例えば温室効果ガスの代表である二酸化炭素の排出量削減は喫緊の課題であるが、一気に再生可能エネルギーへの転換は不可能であるので、転換期間中に発電所などから排出される二酸化炭素の回収と貯留をする必要がある。この回収と貯留は、CCS（Carbon dioxide Capture and Storage）と略称されており、貯留先は地中や海中が考えられている。海中貯留は有望であるが、海洋汚染防止のための国際条約によって海水中への貯留は認められておらず、海洋生物への影響も明確にされていない。現在は陸上の地下水層への貯留が検討されているが、科学的な研究の進展により、深海の海水中への貯留も可能になるものと考えられる。

おわりに

本章では、沿岸域の範囲を空間の特性や人間の活動に合わせた空間概念として、海岸後背域、海岸域、海域に分けてその特徴と建築の立地特性を解説した。海岸後背域を海岸砂丘や崖あるいは護岸から内陸に広がる地域として、この地域の地形・地質の特徴と海洋からの海気の影響を解説し、建築の立地については、平地であることや埋め立てによる広い土地造成が可能なことから、規模の大きな高層建築群や商業・工業建築やマリーナなどのレジャー施設の建設の場になっていることを示した。次に、海岸域を砂丘背後や海食崖から海岸線を越えて水深20m 程度までの範囲とし、人々が海を楽しむことができる空間ではあるが、高波・高潮・津波に対する防護が必要であることを解説し、建築の立地については、海浜上の海の家、海中展望塔、海上空港島、人工島、旅客ターミナルとしての利用状況を示した。さらに、海域を水深が20m より深い沖合に広がる範囲として、その海底地形の特徴を解説し、建築の立地として、広い海面や大水深を利用する構想を示した。

第10章
海の影響を緩和する建築的手法

Architectural methods to mitigate impacts from the ocean

相田 康洋

本章のねらい：本章では、海洋建築物の設計・建設にあたり考慮すべき海の影響要因を物理的・化学的側面から把握し、それぞれの影響要因に対する一般的な緩和策について、構造形式・材料・設備の面から理解することを目標とする。

キーワード：静水圧、動水圧、浮力、波力、流体力学、ビルジキール

はじめに

海洋建築物が建設される沿岸域、海岸域、海域には内陸域とは異なる海特有の性質がある。そのため、海の物理的特性や化学的特性から影響を受ける海洋建築物には、内陸部の建築物とは違った特有の建築的対応が必要となる。本章では、その建築的手法について解説する。

10.1　海の影響要因と建築物

（1）海水自体の物理的性質

私たちは大気に囲まれて生活をしている。普段の生活の中で大気を意識することはまれだが、宇宙空間や深海で生活している人々を除けば、全ての人類は大気の底に沈んだ状態で生活をしており、建築物もまた大気の底に沈んでいる。そして、海洋建築と一般の建築の最も大きな違いを生み出している要因は海水の存在である。約1.2kg/m^{3}の大気密度に対して、海水の密度はおよそ1020kg/m^{3}と非常に重い性質を持つ。それゆえに大気との境界には海水の自由表面が存在し、そこには波が発生する。海水の物理的性質は、温度、圧力、密度、塩分濃度によって特徴づけられ、これらの値は、空間的にも時間的にも変化することとなる。塩分濃度を例にとってみると、地球の海洋全体で平均された塩分濃度は約3.5％だが、海面からの海水の蒸発が盛んな海域では塩分濃度は高く、逆に大きな河川の河口付近や強い降雨域では塩分濃度は低くなる。また、水分の蒸発により海面付近では一般に塩分濃度はやや高くなる。この塩分濃度の違いによっても、海水の比重は変化する。

（2）流体力学的要因

海水は、海上を吹く風、天体の引力など、さまざまな外力によって常に運動している状態に

ある。海水の運動を大別すると、風波やうねりなどの波、海流や潮流といった流れの2種類に分類でき、海水の運動は海洋建築物に力学的な影響を及ぼす要因となる。一般的に海洋における波とは、密度変化による波ではなく、大気と海水の密度差によって存在する自由表面の変形による波を指す。自由表面波の力学的特性は、波の周期（時間的長さ）、波高（波の高さ）、水深によって決定し、風によって発生する波浪と、天体の引力によって発生する波は、これら力学的特性が違い、特に波の周期が大きく違う。また、海底で発生した地震に伴う津波も、波浪と比べて周期が長く、その発生要因からも次に起こる津波の周期や波高を正確に予測することが困難を極める。一方で、天体の引力によって発生する潮流は天体の軌道に変化がない場合、比較的予測が容易である。また、台風による高潮も、台風の予測進路に応じた高波・高潮の高精度予測が実現できている。

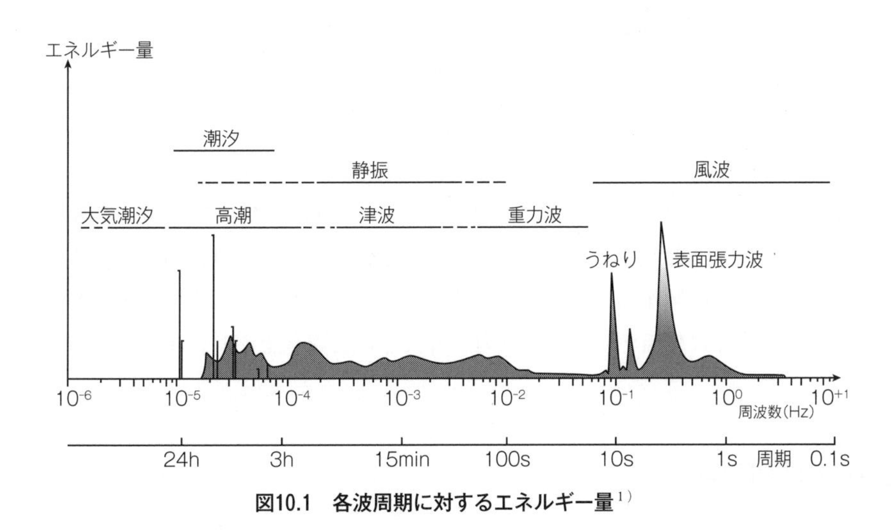

図10.1　各波周期に対するエネルギー量[1)]

(3) 静水圧・動水圧

流体内部の圧力には静水圧と動水圧の2種類があり、静水圧は流体が静止した状態でも作用し続ける圧力で、動水圧は水粒子の運動があることで生じる圧力である。

静水圧は海面から着目する深さまでの間の海水の重さであるため、密度が一様で水面が平坦な場合は水深のみで決まる。実際の海水は深さ方向に密度変化する成層構造をしているので、静水圧は厳密には密度変化の状態を積算して求める必要がある。しかし、建築的空間スケールで捉えた場合の海水の密度変化が小さいことから、実際は静水圧は海面からの深さのみで決まるとして取り扱うことが多い。なお、水圧は海面から10m下がるごとに約1気圧の割合で上昇する。海域で波や流れが生じると、海水の水粒子の運動や移動が生じ、動水圧が発生する。また、構造物が運動することによっても動水圧が発生する。

(4) 浮力

大気の底に沈んでいる私たちも、常に大気中での浮力により浮かび上がろうとしている。しかし、人間の密度が大気に比べ大きいため、重力によって大気の底に沈んでいるのだ。

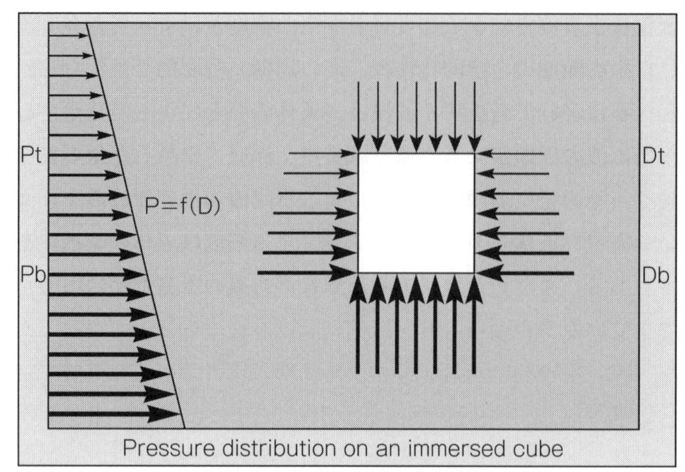

図10.2　浮力の概念[2)]

一方で海水は、大気に比べ密度が高く非常に重く、人間の密度よりも海水の密度が高いため、私たちは水に浮くことができ、泳ぐことができるのだ。浮力とは、静水圧の鉛直方向合力である。重力は陸域か海域かにかかわらず常時作用しているが、海水中では重力とは逆向きの浮力が作用する。物体に作用する浮力が重力より大きいと浮き上がり、重力が浮力よりも大きいと沈むのである。

（5）海水の化学的作用

海水は平均して約3.5％の塩分を含んでいる。塩分は電解質であるため、海水に接する材料の腐食が進行しやすい特徴がある。また、塩分は、水中で電離してイオンの状態にあるので電気伝導性がよい特徴もある。このため、波を直接かぶる飛沫帯で最も腐食しやすく、次に海中部分でも腐食が進行する。加えて、波の砕波の際に生じる微細水滴（飛沫）の蒸発により塩分粒子が空中を飛散するため海上部も腐食しやすい特徴がある。

（6）海洋生物による作用

海域は哺乳類、鳥類、魚類、貝類、海藻類などを含む海洋生物の生活圏であり、豊かな生態系を形成している。貝類や海藻類は岩や人工物に付着したり、海底の砂や泥に穴を掘って定着したりして生育しているのである。護岸や桟橋で見られるような貝類の付着が生じ、長期的には荷重の増加、排水孔や換気孔などの閉塞などを引き起こすことがある。

10.2　影響要因に対する緩和対策

海洋建築を設計するにあたっては、前項で示した様々な海の影響要因に対し、これらを緩和、もしくは積極的に利用することが求められる。海からの影響要因は、海洋建築物が建設される場所によってさまざまであり、また対象とする事象によって考慮すべき項目は変化する。海洋建築物の設計にあたっての基本的な荷重の考え方は、永続的に作用する荷重、動的に変化する荷重、偶発的に作用する荷重に分けて取り扱い、動的に変化する荷重においては、その発生確率と供用期間を考慮したうえで設定することが重要である。しかし、荷重によって破壊されることはなくとも、居住や使用するにあたって目標とする機能を提供できないことが懸念される。そこで、居住限界状態、機能限界状態、部材安全限界状態、システム安全限界状態のように、各荷重レベルに対する目標性能を定め、1年のうち何日間稼働できるかを示す稼働率によって構造性能が決定される場合がほとんどである。つまり、構造的な工夫による海からの影響要因の緩和次第で建物が持つ性能が左右されることになるのだ。以降、各影響要因に対する

表10.1　目標性能と評価指標 [3)]

限界状態の定義		再現期間	動揺・振動・変位の程度	機能維持の程度	被害の程度	要する修復の程度
使用限界状態	居住限界状態 （荷重レベル０） 居住性維持 無被害 修復不要	１年	居住性を維持するための動揺加速度、傾斜角制御。	日常的な居住・作業環境の維持。		
使用限界状態	機能限界状態 （荷重レベル１） 施設機能維持 無被害 修復不要	５年	施設内作業に支障をきたさないための動揺加速度、回転角制御。 施設機能に支障をきたさないための変形・応力制御。	主要な施設機能の維持。	残留変形は生じず、構造安全性に影響はない。 仕上材などは外観上の軽微な損傷を受けるが、機能性は損なわれない。	構造安全性確保のための補修は要しない。 仕上材などの軽微な補修を施せば、建物の機能はほぼ完全に維持される。
安全限界状態	部材安全限界状態 （荷重レベル２） 限定機能確保 係留・支持システムの安全性維持 補修または建替による機能回復	50年	救急活動・避難所として利用可能な環境を維持。	限定された区画内での救急活動・避難所などの指定機能の維持。	残留変形は生じるが鉛直荷重支持能力は保持する。 仕上材などに相当の損傷が生じるが、人命に危険を及ぼす脱落はしない。 係留・支持システムの安定性は損なわれない。	補修または建替えによって、施設の機能がほぼ回復される。 係留・支持システムは、軽微な補修によって安全性を維持できる。
安全限界状態	システム安全限界状態 （荷重レベル３） 人命確保 海洋構造物のシステム維持 係留・支持システムの安全性維持 修復は困難	500年	一時的な救急・避難活動以外は困難。	避難完了するために十分な時間を確保する。	大きな損傷は生じるが、倒壊は防ぐ。 係留・支持システムの喪失・崩壊は防ぐ。	施設の復旧は困難。建替えを要する。 係留・支持システムは、大規模な補強・補修を要するが安全性は復旧可能。

一般的な緩和方策を紹介していく。

(1) 流体力学的要因に対する緩和対策

海洋建築物を設計する場合、流れや波の流体力学的要因に対する考慮が必要になる。ところで、波も流れも、海水の水粒子の運動によって発生している。水粒子の運動が建築物にもたらす力学的作用は、建築物に動的な圧力となって作用し、また、浮体式の構造物にとっては、構造物まわりの圧力の変動により動揺という形で現れる。動的な圧力を緩和するためには、波・流れが作用する構造物の表面積を小さくすること、そして断面の形状を工夫し流体力を低減させることが基本である。建築物を構成する柱部材、海底から海面まで構築されたジャケット部材等は、なるべく断面積を小さくし、波向・流向に対して流線形で抗力係数の小さい形状とすることで、波や流れによる荷重を小さくすることができる。動的な圧力を小さくすること自体は困難であるが、作用する面積を小さくすることで建築物に作用する荷重を小さくすることができるのである。陸上に建築された海洋構造物にあっても、津波や高潮・高波の際には、壁構造の建築物に比べて、1階部分が柱のみで構成されたピロティー形式となっている断面積の小さい構造物のほうが、流れによる流体力学的影響を受けづらい特徴がある。また、柱・梁・壁によって構成されたラーメン構造の建築物も、柱・梁以外の非構造部材は外力を担保しないので、流体の圧力によって非構造部材は破壊されるが、建築物の構造体は破壊されにくい特徴を有している。

図10.3　東日本大震災時のＳ造構造物（筆者ら研究グループ撮影）

一方で、浮体式の構造物における動揺の緩和方策として最も単純な方法は、建築物の規模を大きくすることである。海洋の波は、さまざまな周期の波が重なった不規則な状態にあるが、その中でもエネルギーが大きい波の周期は、5秒から8秒程度である。空間的な長さでは、おおよそ100m程度なので、それより大きい浮体式構造物であれば、構造物まわりの圧力の時間的変動が平均化され、動揺しづらくなる。大規模な客船やフェリーに比べて、規模の小さいボート等の動揺が大きいことからも直感的に理解しやすいであろう。しかし、ほとんどの海洋建築物において、それほど大規模なものを計画することはまれだろうから、規模を大きくする以外の動揺の緩和策も必要となってくる。

例えばセミサブ型の浮体は、トラス構造やラーメン構造の構造物の下部が半分海面下に沈んでいる半潜水式の浮体構造物であり、箱型の浮体や船型の浮体に比べて海面で切断したときの構造物の断面積が小さく、波や潮流による上下動を少なくすることが可能であり、悪天候の海象条件でも安定した状態を確保することができる。

回転方向の動揺の抑制方策としては、ビルジキールやフィンスタビライザー、アンチローリングタンク等が挙げられる。ビルジキールやフィンスタビライザーは、浮体下部に突き出た板

図10.4　セミサブ型構造物[4)]

図10.5　ビルジキールおよびフィンスタビライザー[5)]

状の構造物であり、回転方向の運動に対してダンピング効果を発揮し動揺を抑制することが可能である。特にビルジキールは1800年代に考案され、現在ではほぼ全ての船舶に搭載されている。

アンチローリングタンクは、タンク内の水などの液体が移動することによって横揺れを減少させる装置であり、一部の船舶に用いられている。こちらも1800年代に考案された技術であり、同様の概念に基づいた装置は、高層建築物や橋梁の地震動による揺れを抑える目的でも使用されている。

直接的に波や流れの影響を緩和する方法として、防波堤や内水面の構築が挙げられる。港湾における防波堤は、外洋から襲来する波に対して、港湾内の静穏性を保つため波を防ぐ構造物として機能している。港湾内の静穏性を保つことで、岸壁に係留された船舶の動揺量が減り、安定した荷役を行えるよう設計されている。波を防ぐ機能を持つ防波堤は、その役割から受圧面積を大きくしなければならない。加えて大型の構造物であるから、建設コストが安い重力式構造物が採用され、海底の基礎であるマウンドとの摩擦により、波浪外力に耐える構造になっている。他にも、造船ドックのように、海面を取り囲むように構造物を配置することで、内水面を構築することで、外からの波・流れの影響を完全に防ぐことも可能である。天然の良港と呼ばれる東京湾や大阪湾は、地形的に入り組んでおり、港口が狭く半島が防波堤の役割を担うことで静穏な海域を実現できているのである。

（2）静水圧・動水圧に対する緩和対策

静水圧、動水圧を直接的に緩和することは、海水の性質を変化させることができない以上不可能である。しかし、海洋建築物の設計では、流体から受ける荷重を減らす工夫や、水線面を小さくすることによる鉛直動揺量の低減といった対策を講じることができる。先ほど紹介したセミサブ型の浮体は、ラーメン構造もしくはトラス構造の構造物が海面からある程度の深さまで沈み込んでいる構造である。波浪による水粒子の運動は、水深が深くなるにつれて小さくなる特性を有しているので、受圧面積が箱型浮体に比べて小さいラーメン構造もしくはトラス構造は、動水圧を原因とする流体荷重を低減させる効果がある。同様に、着底式構造物のジャケット式構造物も、水平方向の受圧面積が小さいことから、同規模の重力式構造物に比べて水

図10.6　スパー、テンションレグ、等[6]

平方向の流体荷重を小さくすることができる。また、水線面積を小さくすることで、波浪等による一時的な水面上昇に対し、静水圧に起因する浮力の増大を相対的に小さくすることができる。セミサブ型浮体やスパー型浮体などは、静水圧自体を低減するのではなく、一時的な静水圧の変化に対して浮力の増大を抑制することで、動揺量を減らすことができる仕組みとなっている。

（3）浮力に対する緩和対策

流体中に存在する全ての構造物は浮力の影響を受ける。浮力は、流体中に没水している体積と流体密度に比例し、海域に建設される海洋建築物では特にその影響が無視できない。浮力を緩和させる方法は、流体中に没水する体積を減らすよう、断面積の小さい構造形式を選定すればよいが、浮体式構造物の場合、構造物の重量と浮力が釣り合っているからこそ浮体式構造物なので、浮力の緩和は鉛直動揺量を減らす目的を除いて基本的に必要ない。しかし、通常時に陸上に存在する建築物にとって、浮力は重大な影響をもたらす場合がある。

東日本大震災では、開口部の少ないRC壁式建築物の杭が、老朽化と地震により破損し、襲来した津波によって建築物周囲の地盤が洗堀された結果、浮力により支持力を失い転倒した例が報告されている。また、数多くの木造家屋が津波によって倒壊し流失したことが記録されているが、この倒壊に至るきっかけとなる外力は、浮力に他ならない。建築物において、空調効率のための気密性の確保は機能的要件から必須だが、気密性が高い建築物は、津波や高潮時に建築物内部に海水が流入せず、建築物の総重量次第では建築物が浮上しその後転倒・崩壊することとなる。しかし、同様の木造家屋においても、またRC造の建築物にあっても、津波や高潮時に倒壊しなかった例が存在する。例えば津波漂流物の衝突や地震、流体圧によって、建築物の非構造部材が破壊された場合、建築物の気密性が失われ、建築物内部空間に海水が流入する。結果的に浮力が低減され、建築物は倒壊に至らないこととなるのである。これは、津波作用時に没水部分の体積が非構造部材の破壊により減少したからである。

陸上の建築物においても、想定される浸水深による浮力の影響を考慮し、もし浮上の危険性がある場合は、没水体積が小さくなるよう、低層階をピロティー形式にする検討や、低層階の

図10.7　壁構造物と木造構造物の転倒例 [7]

非構造部材が流体力によってあえて破壊されるよう設計し、構造物の倒壊を防ぐ対策が求められている。津波避難タワーの多くは、津波による受圧面積を小さくし、浮力による浮き上がりを防止する目的、コスト削減の観点から、断面積の小さな建築物・構造物が採用されている。しかし一方で、断面積の小さな建築物は、津波漂流物の衝突速度を遅くする効果が壁式の建築物に比べ小さくなることから、漂流物の衝突力を小さくすることが難しくなる。この津波漂流物による衝突力を低減するためには、例えば建築物周囲に防衝工を設置したり、漂流物をトラップする漂流防止柵を設置したりすることで、建築物本体への被害を小さくすることが可能になる。

（4）海水の化学的作用に対する緩和対策

海洋建築物に用いられる材料には、防食性が求められる。特に鋼材で制作された構造物は、海水により容易に腐食するので、被覆防食もしくは電気防食が必須となる。電気防食では、アルミニウム合金陽極または亜鉛合金陽極が利用されるが、これらの金属はどちらもイオン化傾向が鉄より大きいことから、先に腐食させることで鋼材を腐食から守ることが可能である。海水への暴露が少ない、または完全に気中に露出している範囲の鋼材には被覆防食法が採用され、塗装や水柱硬化形被覆、ペトロラタム被覆等の種類があり、これらは海洋生物に対する付着対策としても利用されている。一方、陸上建築物でよく用いられる鉄筋コンクリートでは、海水中に含まれるイオン化合物によるコンクリート自体の劣化と、コンクリート中の鉄筋の腐食のどちらにも対応する必要がある。海水中のコンクリートは、硫酸塩による浸食や水酸化石灰石の溶出によりpHの低下や膨張が発生し破壊に至る。コンクリート内部の鉄筋は、コンクリートの膨張とそれに伴う亀裂から海水に暴露し、酸化膨張し、更なるコンクリートの亀裂をもたらすのである。一般的な鉄筋コンクリートの塩分に対する防錆対策としては、砂、砂利に対する除塩とアルミン酸カルシウム含有量の少ないセメントの利用、鉄筋の被覆による耐塩化が施される。

また、建築構造材のみならず、空調室外機や、ボイラー等の建築設備においても、耐重塩害仕様の導入が求められる。外板や熱交換器、電気部品等に防錆・防腐処理が施された耐重塩害仕様の建築設備は、通常の設備と比べ著しい耐塩害性能を有しており、複数の建築設備メーカーから製品が発売されている。

また、供用期間が長く、特に重要な構造物には、材料の面からみても特別な防錆対策が施される場合がある。例として羽田空港D滑走路の桟橋は供用期間が100年ということもあり、脚部が耐海水性ステンレス鋼のライニング、桁下はチタン製のカバープレートで覆われており、桁下の空間は除湿器により湿度を抑える対策が施されてい

図10.8　酸化膨張により露出した鉄筋（筆者撮影）

る。加えて、海中部のジャケットと土中部の鋼管杭は流電陽極方式の電気防食が施されているので、万全な防錆対策といえるだろう。

普段海水に触れていない建築物においても、設備の化学的緩和対策が必要になる場合がある。例えば津波が陸域に遡上した場合、低層階にある発電設備や電気設備は海水の電導性により破壊される。そのような危険がある地域では、電気設備や非常用発電機の高層階への設置などの対策が必要になる。

（5）海洋生物に対する緩和対策

海洋生物の付着に対する取り組みは船舶海洋工学の分野で発展した。海洋生物が船舶に付着すると、抵抗増大による燃料効率の低下が発生し、場合によっては浮体のバランスが崩れる。これに対して、船艇用防汚塗料の開発がすすめられ、日本でも1920年代から使用されていた。現在では環境に配慮した非錫系防汚塗料が実用化され、使用されている。また、防汚塗料の中でも亜酸化銅が含まれる赤色の塗料は海洋生物が付着しにくい特性を持ち、多くの船舶で使用されている。また、浮体式構造物の場合、定期検査・中間検査のためのドック入りの際、清掃と防汚塗料の再塗装がされている。

図10.9　海洋生物の付着（筆者撮影）

発電所や製鉄所、石油コンビナートにおいては冷却水の取水導水管に生物付着が発生すると、取水量の低下、熱効率の低下等を引き起こす。この場合は船舶と同様に、取水導水口管に防汚塗料を塗布する対策に加えて、過酸化水素や塩素による処理や、銅イオン発生装置による配管内の被膜形成が併用される。

鋼管桟橋構造物への生物付着によって、鋼管肉厚の検査が難しくなり、構造物のメンテナンスに支障をきたす例も報告されている。2021年現在では、生物が付着した状態でも肉厚測定が可能な非接触型測定器の研究開発や、海中ロボットによる付着生物の除去も研究開発されている。

おわりに

本章では、海ならではの物理的特性や化学的特性を海洋建築的視点から例示し、海洋建築物の計画段階において取り込むべき基本的な緩和対策の例を、構造形式的、設備的、材料的側面から示した。

第11章
海洋建築と技術
Marine Architecture and Technologies

居駒 知樹（11.1, 11.3～11.8）、小林 昭男（11.2）

はじめに

第10章では海で利用する構造物が晒される特有の環境影響を緩和するための技術や方法の詳細が解説された。ところで、海洋建築は第７章で述べたとおり陸上の建築技術の延長として海辺や海上での建築を行う行為である。よって基本となる技術に一般建築の占める部分は大きい。しかしながら、海に建築されるのと陸上で建築されるのとで物理的な周辺環境が異なるために、全く異なる技術体系の下で設計・建造されていると思われがちである。しかしそれは大きな間違いである。本章の各所で触れるが、建築物等の構造物に求められる用途や機能の目標が異なったり、対応する法令や規則が異なったりすること以外は、扱うべき物理現象のほとんどは同じである。異なる点は海水の有無や外力条件に若干の差が現れるだけである。

本章では陸上建築と海上建築を分けて記述するのではなく、基本的に設計上の同じ問題に対してそれぞれがどのような思想の下で設計されるのかを両者を比較しながら記した。その中で導入となる技術的なことを若干説明したが、具体的な設計法や理論には触れずに、文章での解説を心がけた。

11.1　建築する技術

海洋建築物がウォーターフロントの陸域に計画・建設される場合の建築技術は一般的な建築物のそれの延長で考えることができる。埋立地などでは地盤の問題があるが、内陸においても沼地後や造成地などでは地盤改良が行われる。また、特別な理由がなければ建築基準法の範囲で設計されると考えられるため、その観点からも一般的な建築技術が基本となる。当然ながら海辺や海上は内陸よりも風が強い傾向があったり、潮風に伴う海塩粒子によって腐食しやすくなるなどの問題も想定されるが、実際に多くの建築物が沿岸地域に建設されて、大都市が形成されてきた歴史もある。むしろ計画的、デザイン的な技術は海辺の環境特性を大いに活かす必要があるといえる。

その陸域での建築技術として構造形式を選択することができる。建築物の構造形式は木造、鉄筋コンクリート造、鉄骨造、鉄骨鉄筋コンクリート造のように大別することができる。海上に建造される構造物でも鉄筋コンクリート造、鉄骨造そして鉄骨鉄筋コンクリート造があり、地域によっては木造構造物もある。海洋構造物では鉄骨や鉄板と鉄筋コンクリートの複合材料で造られる構造形式をハイブリッド構造と呼ぶ。

建築物を建設するための基礎構造があるが、その形式は固くしっかりした地盤に造る場合と軟弱な地盤に造る場合とで大きく二分することができる。前者では直接基礎が、後者では杭基礎が適用される。杭基礎には硬い地盤で建築物重量を直接支える支持杭と杭と地盤との摩擦によって支える摩擦杭がある。直接基礎にはベタ基礎、布基礎と独立基礎がある。それぞれのイメージを図11.1に示す。

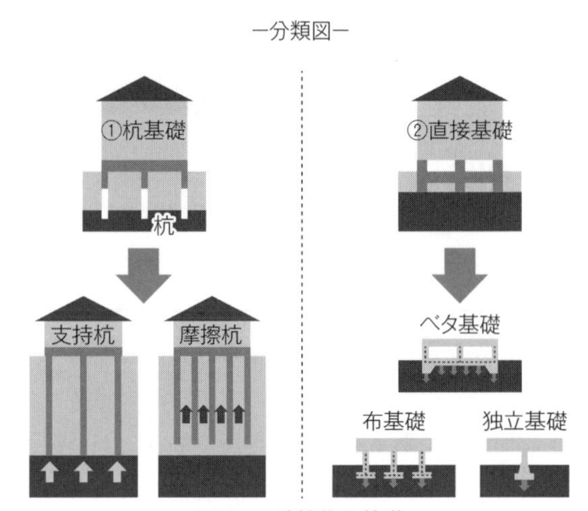

図11.1　建築物の基礎

次に海上に造られる構造物の基礎部分も参考として図11.2に示す。陸上の建築物と海上の建築物に関わる技術で大きく異なることが2つある。ひとつは建築物周辺に海水が存在するか否か、もう一つは建屋の工事以外、特に基礎となる箇所の工事は完全な土木工事となり、建築の基礎工事とは異なるといえる。また、浮体式の建築物であれば、基盤となる浮体部分は船舶扱いになる可能性が高く、やはり建築工事での建造とは異なる。しかしながら、海洋建築は第7章でも述べたとおり、単に建築基準法で設計・計画される構造物だけではなく、広義には様々な法令や規則が適用される構造物のうち、人間活動が主たる目的となるものであるといえる。そのため、海洋建築物を海中、海底、海上に建設するためには基礎構造となる部分の構造形式の選択が重要となる。すなわち、建築物を海底に固着させる方法（固定式）や海面に浮遊させる方法（浮体式）を選択する必要がある。この選択の要因には、建築物の移動の必要性、設置する海域の水深の大小、海底の地質の強弱、波浪の大小などがあり、それぞれの設計趣旨と条件に合わせて、浮体式、図11.2のようなジャケット式、図11.3のような重力式といわれる構造形式が採用される。また、前章までに述べられているように、構造材料にはコンクリート材料や鋼材料が用いられるが、海洋環境下では海塩の影響による構造材料の腐食対策が講じられる。浮体式や重力式の構造形式では、船舶と同じような鋼殻構造（鋼板で殻のような構造を造る）、陸上のビル建築と同様の鉄筋コンクリート構造（RC構造）やプレストレストコンクリート構造（PC構造）、鋼殻構造とRC構造やPC構造を組み合わせたハイブリッド構造が用いられ、ジャケット式の構造形式では、鋼管を接合した構造が用いられる。ここで示した図11.2と11.3は典型的な港湾構造物や石油プラットフォームであるが、比較的浅い海域に海洋建築的用途で建設される構造物の場合も規模が異なるだけで全く同様の選択肢がある。

これらの図から想像できるように、陸上の建築物の基礎と海上の建築物の基礎構造は見た目に大きな違いはない。また、設計技術においては後に述べる外力条件の違いや構造物の機能の

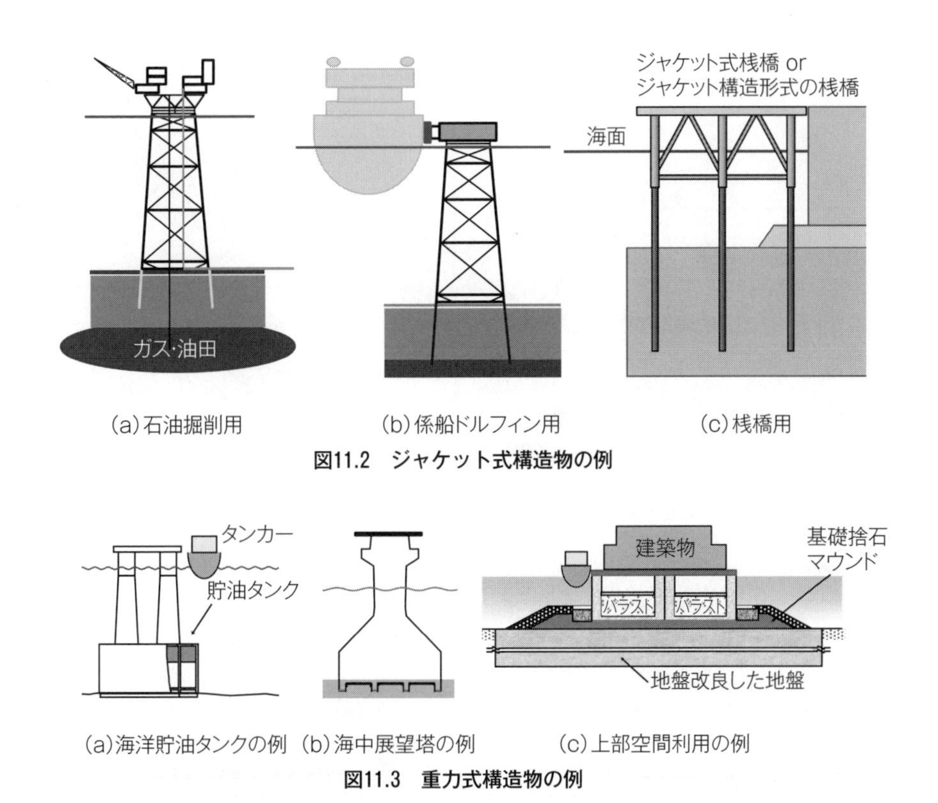

(a)石油掘削用　(b)係船ドルフィン用　(c)桟橋用

図11.2　ジャケット式構造物の例

(a)海洋貯油タンクの例　(b)海中展望塔の例　(c)上部空間利用の例

図11.3　重力式構造物の例

目的、設計するための法令、規則や基準が異なるだけだといえる。

11.2　海に造る技術

陸上の建築物の建設の大きな特徴は、建設位置で造るということである。一方で、海域では気象、海象が厳しくその変化も大きいので、海域に設置される海洋建築物は、ほぼ完成に至るまで陸域で建設して、その後に洋上を設置海域まで移動させて設置する。この海洋建築物を建設する場所には、造船所のドックや港湾に隣接するヤード（広い平地）が用いられることが多い。構造物の代表的な平面寸法が数百メートルを超えるような大型構造物の場合には、ドックやヤードで建設できる最大寸法までの構造物を1ユニットとして建設し、海域で接合する方法が用いられる。はじめに、造船ドックで施工する場合とヤードで建設する場合に分けて、建設プロセスを解説する。

造船所のドックには様々な大きさのものがあるが、ここでは、幅が100m程度、長さが300m程度、深さが10m程度と仮定して解説する。ドックは、構造形式が浮体式と重力式の構造物の建設に用いることができる。構造物の建設過程を省略して、造船ドックで施工するときの特徴を説明する。図11.4、図11.5に示すように、ドック内での建設がある程度進行すると、ドック内に注水して構造物を浮揚させる。次にドックのゲートを開いて構造物をドックの外に引き出して、艤装岸壁に接岸あるいは仮に沈設して、さらに建設を進めて完成させる。完成した建築物は、浮揚させて建設海域まで曳航し、浮体式構造物の場合には係留索鎖との結合が行わ

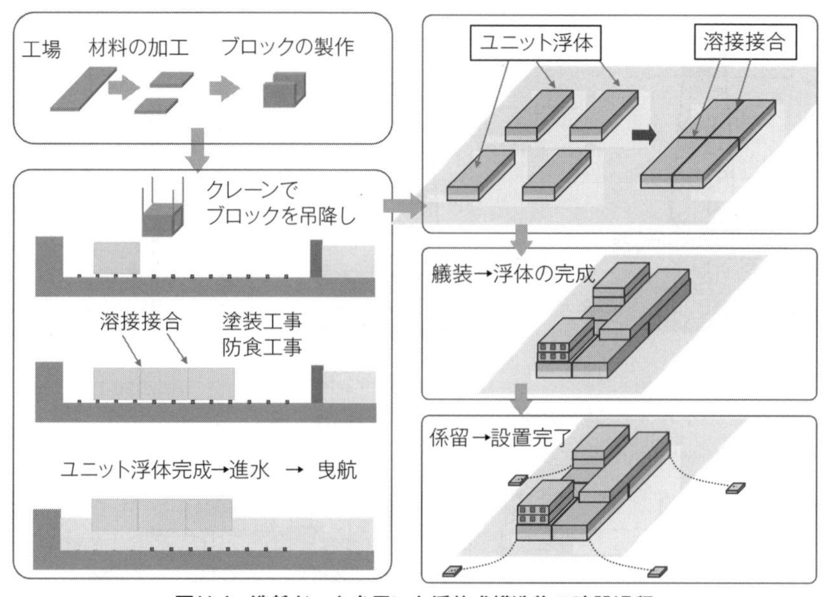

図11.4　造船ドックを用いた浮体式構造物の建設過程

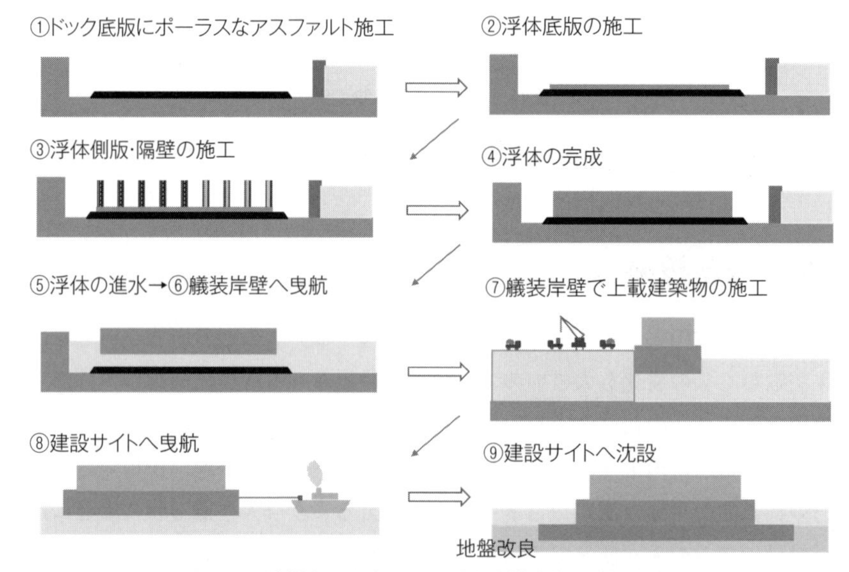

図11.5　造船ドックを用いた重力式構造物の建設過程

れ、重力式構造物の場合には、安定に必要な重量分の砂などを投入して沈設し、さらに必要な工事を行って完成される。ところで、ドック内で浮揚する必要があるので、ドック内では浮揚できる重量までしか構造物を建設できない。例えば、ドックの満水位が10mである場合は、ドックの底版と浮揚した構造物の底部の間に必要なクリアランスを1mとすれば、ドック内で建設できる構造物は喫水が9m（＝10m － 1m）であるというようなことに留意する必要がある。

一方、ヤードを利用した建設方法には、構造形式が重力式とジャケット式の構造物に用いることができる。ヤードで建造された構造物は、図11.6に示すようにクレーンで吊上げて建設海域に運搬するか、図11.7に示すようにヤード上をスライドさせて移動させる方法がある。前者はクレーンの揚重能力に依存する。一方、後者はスライドさせる方法に工夫があり、構造物はレールのような梁構造（スキッドビームという）の上で建設される。また台船にも同様のスキッドビームがあり、ヤードと台船のスキッドビームのレベルを同一にして、構造物をスライドさせる。ここで、重力式の構造物には、もう一つの方法がある。これはヤードの海側に斜路を設けて、斜路にもスキッドビームを連続させて、図11.8に示すように進水させる方法である。

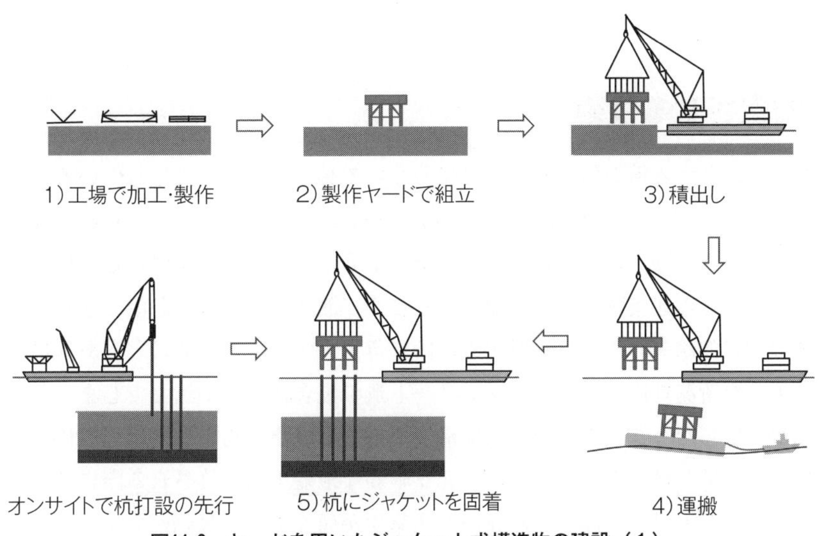

図11.6　ヤードを用いたジャケット式構造物の建設（1）

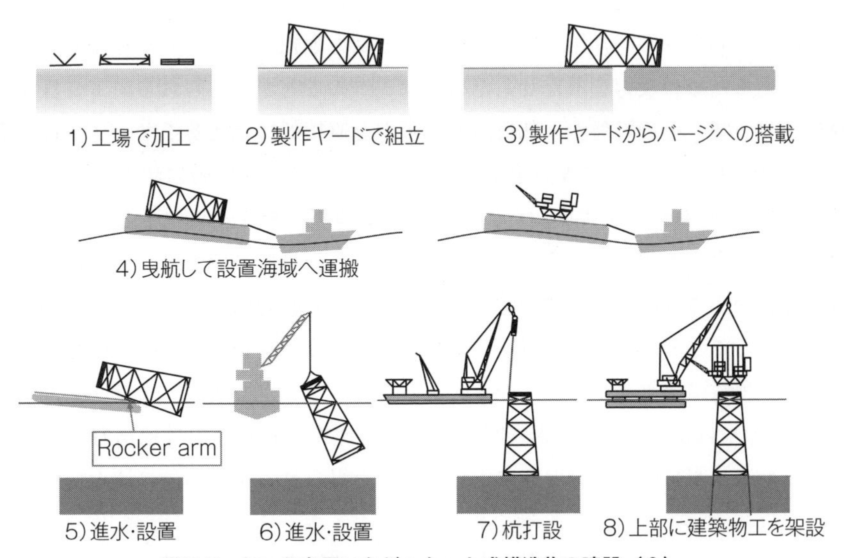

図11.7　ヤードを用いたジャケット式構造物の建設（2）

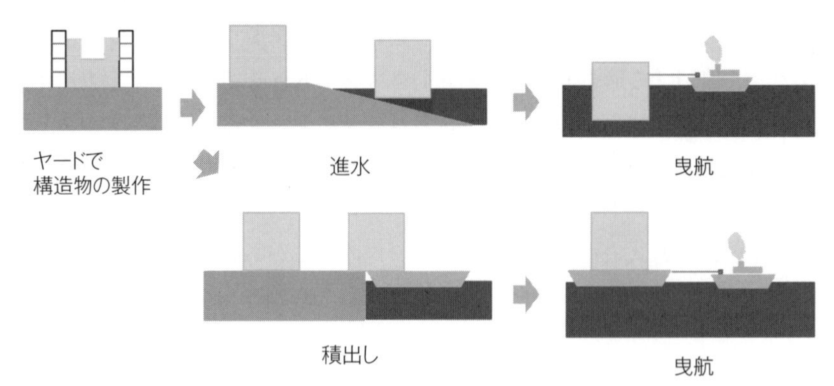

図11.8　ヤードから重力式構造物を進水させる方法

11.3　安定させる技術

建築物をはじめとする構造物は安定して建っている必要がある。安定しているとは、傾かない（傾斜しない）、倒れない（転倒しない）あるいはそのような状況になり難いことであり、これを安定性という。陸上に建つ建築物の重量を十分に支えられる地盤あるいはそれを補う基礎構造がなければその建築物はやがて傾いてしまう。液状化によって急激に地盤の反力がなくなり建築物の安定性が失われれば傾斜するだけに留まらずに転倒することもあり得る。例えば1964年に発生した新潟地震では鉄筋コンクリート造の集合住宅が転倒してしまった。大きな地震で液状化が発生したときに大規模な基礎構造を持たない建築物、例えば一般住宅等が傾斜してしまうことはしばしばみられる。また、元々軟弱な地盤上に建築される際には、十分な地盤改良が施されるなどの対策が講じられないと建築物が傾くなどの欠陥が発生することも、特に住宅ではよく報告される。

陸上に建てられる建築物を安定して支えているのは地盤である。建築物の自重、すなわち重力によって鉛直下向きに常時作用する荷重を支える反力を担っているのが地盤である。建築物を安定して支えるための反力をもたせるためには3つのことが考えられる。1つ目は硬い岩盤まで基礎杭を打って、その岩盤が上部構造物の重力を直接的に支えること、2つ目は基礎杭の表面と地盤との摩擦力によって重力を支えること、3つ目は地盤内に沈んだ建築物基礎底面（図11.1のベタ基礎底面や布基礎底面）に作用する接地圧（地盤からの圧力）の積分量として発生する地反力によって重力を支えること、である。3つ目については、建築物重量に対して地盤密度の見積が小さければ、建物が沈んでしまう。この状態はあたかも物体が浮力によって水に浮かんでいることと同じように思える。特にベタ基礎の場合は力学的に同じ状況になり得る場合があり、地盤に建築物が浮いていると言い換えることができる。まさに地盤による浮力（ここでは地反力）によって支えられている。建物が沈んでしまうのは地反力に対して地耐力が弱い状態であり、水に浮かせたときに十分な浮力を得られるまで物体は沈んでしまうのと同じである。

建築物の基礎周辺が地盤でない場合を考えてみる。建物全体を海に浮かべた場合はどうなるのか。地盤の代わりにそこには海水が存在する。水が漏れない状態を上手につくることができれば、物を浮かせることができる。その物には重力が作用しているのでそれを支える力（反力）があれば海面に浮かべて留めることができる。この反力は浮力である。ここで説明した力学的な状態は前述した地盤に建築物が浮いている状態の説明と同じである。海面に浮いている建築物を支える浮力は海中に沈んでいる基礎部分に作用する水圧（水深に比例する静水圧）によって決まる。地盤の場合には土圧に相当する。このように物体が水に浮くことはアルキメデスの原理で説明されるが、その中身は結局のところ基礎周辺の圧力によって支えられているだけである。その積分量である反力（浮力）が重力を支えられれば沈まずに留まれるのである。

建築物の重力を支える反力は一箇所に作用する集中荷重である場合は殆どなく、広範囲に分布する分布荷重か杭などのように複数箇所で複合的に作用する。一方で建築物の重力の作用中心として重心を定義可能である。これは建築物全体の重量分布から水平面内の位置も高さも知ることができるからである。このことは建築物の重力は重心から鉛直下向きに作用する集中荷重に代表させることができることを意味する。同様にそれを支える反力もある場所に集中させて作用していると扱うことができる。水に浮く物体であればこの場所は浮心と表現される。地盤上に建つ場合には地反力の作用中心である。重心とそれを支える反力（地反力の作用中心や浮力）が同一鉛直線上にある必要がある。これらの位置がずれると建物全体を傾けさせようとする力のモーメントが作用してしまう。これを傾斜モーメントとか転倒モーメントという。

海洋建築では、陸上では地盤からの地反力と重力、海上で浮体式建築を考える場合には浮力と重力の大小や位置関係を十分に考慮した設計が必要となる。陸上と海上の環境の違いによるそれぞれ特有の現象はあるが、その力学の基本はほとんど同様に考えることができる。いずれにせよ、建築物を静的に安定させることが設計の基本であり、それなくして風や地震あるいは海洋波などの動的な荷重に対する安定性の議論はできない。

11.4　風に耐える

地上に存在する構造物には風が作用する。それは陸上でも海上でも、海辺でも当然同じである。しかしながら、風の特性は場所によって異なるのが一般的である。同じ風速の風が自然界に発生した場合には、陸上よりも海上の方が風速は大きい。むしろ陸上での風速は弱まるというのが正しい。それは海上よりも明らかに陸上の方が地表に障害物が多いからである。

いずれにしても風による荷重は建築物一般においても無視できない。海辺から海上までを主たる設計対象地域とする海洋建築物の場合には相対的に考慮すべき風速は大きくなる傾向がある。障害物による風速の減衰の程度は地表の粗さ（地表面粗度）で係数化できる。建築基準法などでは地表面粗度区分が定義されている。風荷重の算定ではガスト影響係数（Gf）や平均風速の高さ方向係数（Er）などが考慮される。ここでは詳細を割愛するが、これらの表現は風荷重の表記で一般的に用いられるので覚えておくとよい。

風荷重は風速に対応する風圧力の積分量で与えられるので、風速の鉛直分布特性は非常に重要となる。前述の平均風速の高さ方向係数（Er）などを決定する元となる風速の鉛直分特性は次式のように高度zのべき乗で与えられる。

$$V(z) = V_{10}\left(\frac{z}{10}\right)^{\alpha} \qquad (11\text{-}1)$$

ここで、V_{10}は高度10mでの10分間平均風速、αは1/10～1/7の値をとる係数で、実質的に地表面粗度の程度を表している。(11-1) 式を合理的に扱うのが先述の地表面粗度区分を用いる方法である。αが与えられれば、(11-1) 式を風速分布として風圧力を直接求め、それを鉛直方向に積分することでも風荷重を算定できる。図11.9に (11-1) 式から得られる風速の鉛直分布の例を示す。

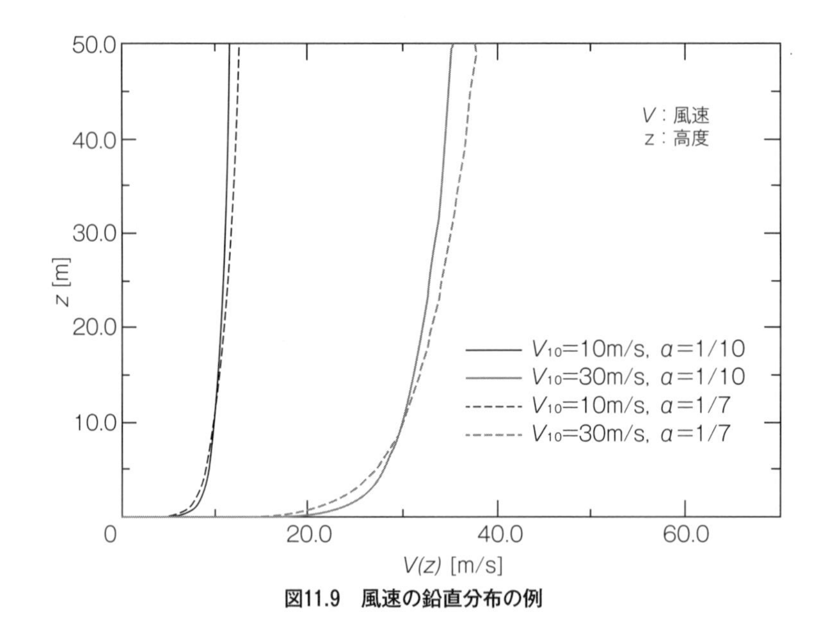

図11.9　風速の鉛直分布の例

陸上や海上の鉄筋コンクリート造で比較的高層の建築物に風荷重が作用するとき、その設計上の影響を地震と比較すると、陸上では地震荷重の方が大きくなるのが一般的である。一方で海上に浮かぶ浮体式建築物では風荷重に対する安定性能を無視することはできない。

設計で考慮される最終的な風荷重の取り扱いは適用する法律や設計指針や基準によって異なる。海上に建設される構造物が全て建築基準法で取り扱われるわけでないことに留意する必要がある。特に強度上は問題なくとも国際基準を満足するか否かを気にすべき場合がある。

11.5　地震に耐える

(1) 耐震基準

日本の建築物はしばしば大きな地震に見舞われる。そのため地震に対して十分な耐力を得られる設計が必要であり、それは建築基準法における耐震基準を満足することで保障される。保障されるといっても100%問題ないとはいえないが、想定しうる範囲では十分に安全性が担保されると考えてよい。建築基準法は前身となる市街地建築物法の時代から関東大震災後の改正、1950年に建築基準法が施行されてからも1968年の十勝沖地震や1978年の宮城県沖地震などを経て改正されている。特にこの宮城県沖地震の後、1981年に改正された耐震基準は「新耐震基準」と呼ばれそれ以前の耐震基準は「旧耐震基準」と呼ばれている。

新耐震基準では一次設計と二次設計の概念が導入されるようになる。許容応力度設計の方針の下では一次設計で主要部材が地震時の許容応力度を超えないように、そして二次設計においては変形と材料強度による保有水平耐力を満足するよう設計される。一方で、限界状態設計の方針の下では、一次設計で地震による加速度によって生ずる地震力が主要部材の損傷限界耐力を超えないようにする。二次設計においては安全限界を評価するために地震力が保有水平耐力を超えないよう設計する。なお、60mを超える高さの超高層建築物では時刻歴応答解析が義務付けられている。時刻歴応答解析とは過去に記録された地震加速度の時系列波形などを入力条件として建築物等の振動応答を時々刻々と解いていく数値シミュレーションである。

耐震基準は対象とする構造物によっても様々である。例えば、原子力発電所の耐震基準には「発電用原子炉施設に関する耐震設計審査指針」([原子力委員会])が適用される。また、港湾構造物については「港湾の施設の技術上の基準・同解説」([国土交通省港湾局監修、2018])が適用され、マリーナの設計などでも広く参照される場合がある。漁港区域については「漁港・漁場の施設の設計の手引き」([(社) 全国漁港漁場協会])の耐震基準がある。

海洋建築が対象とする工学分野では建築物はもちろんのこと特に港湾区域に建設される各種構造物についての取扱いも重要である。建築物と土木構造物では要求される機能は異なるが、[運上茂樹、2001] は、「"耐震設計" は、許容しうるリスクの範囲内で、構造物の使用期間中に発生が予想される地震作用に対し、所要の安全性および使用性等を満足する構造物を経済的に作り出すことにある」と説明している。

さて、地震によって建築物等の構造物が損傷しないようにするための設計の思想は耐震構造、制震構造と免震構造の3つに大別できる。

(2) 耐震構造

耐震構造では頑丈な柱・梁で躯体を構成することで、地震による強い揺れに耐えるだけの高い強度を持たせた構造体となっている。強度が高い分、地震力が直接構造体を伝わってしまい、壁などの強度が低い部材が破損することがある。そのため、大きな地震後にはメンテナンスが必要な場合がある。

(3) 制震構造

制震構造とは構造体内部に取り付けた振動軽減装置によって地震のエネルギーを吸収することで構造体の揺れ(振動)を低減できる構造である。地震による振動を抑えられるため、高層ビルなどで有効である。振動軽減装置は制震装置とも呼ばれ、オイルダンパーや鋼材ダンパー、制震パネルなどがある。強い地震に対して制震装置が稼働すれば構造物の振動を低減できる一方で、バランスよくその装置を内部に配置しないと効率的な制震効果を望めない。また、装置が稼働するまでに壁などの部材レベルでの損傷が生じる場合がある。

（4）免震構造

免震構造では地盤と上部構造物の間に特殊なゴムなどを介すことで、地震動が上部構造物に直接伝わらないようにする構造である。このような特殊なゴムなどの免震装置はアイソレータやダンパーに分けられる。アイソレータは積層ゴム、すべり支床や転がり支床などがある。ダンパー装置が適用される場合は、部材レベル制震される制震構造が、基礎から上部構造物全体で制震されているイメージである。

（5）水に浮く構造物

海上や淡水上に建築物等が浮いた状態では、地震による影響はどうなるであろうか。液体はせん断（水や物体内部の任意の点の面に平行に力が作用すること）による波動をほとんど伝播できないため、水平方向に海底地盤が揺れたとしてもその影響が海水中を伝わって海面に浮く構造物に大きく影響することはほとんどない。しかしながら、海底面が鉛直方向に振動している場合はその限りではない。海水は一般的な状態では非圧縮性流体として扱えるため、海底面が鉛直方向に動けばその変位、速度、加速度はほぼ直接的に海面上の構造物に伝わることになる。これは陸上の構造物における免震装置を伴った免震構造に似た状態である。異なる点は構造物周辺に海水などの水が存在するか否かである。

一般に浮体式建築物や構造物は免震性能が高いといえる。また、浮体が揺れて波をつくることそのものは揺れ（振動）のエネルギーを水波に変換することになり制震装置と同じ役割を果たすことになる。実際に陸上においてもこれらの特性を活用したパーシャルフロート®（浮体免震）［清水建設、2022］という技術がある。海上の浮体式建築物にも同様以上の効果が期待される。

一方で浅い海に浮体が設置される場合には位置保持のためにしばしば図11.10のようなドルフィン・フェンダー係留方式が採用される。この係留方式では若干のクリアランスはあるものの浮体とドルフィンはフェンダー（巨大なゴム風船のようなもの）を介してつながっていると考えてよい。地震時の水平荷重がこのフェンダーを介して浮体に伝わることは種々の研究からも明らかである。しかしながら一般的には設計波浪による影響の

図11.10　横浜ぷかりさん橋とそれを係留するドルフィン
（左右のコンクリートがドルフィンでありぷかりさん橋との間にフェンダーが付いている。これをドルフィン・フェンダー係留という）
https://upload.wikimedia.org/wikipedia/commons/7/7a/Pukarisanbashi_seen_from_Yokohama_Grand_Intercontinental_Hotel_2002-02-11.jpg

方が大きいため、浮体本体よりもドルフィンの耐震設計の方が重要となる。ドルフィンの耐震設計には「港湾の施設の技術上の基準・同解説」（[国土交通省港湾局監修、2018]）が適用される。また、チェーンなどによるスラック係留（弛緩係留）の場合もチェーンに地震波が伝播する場合があるが、やはり浮体の構造設計上大きな問題にはならないのが普通である。

（6）海震という現象

すでに述べたとおり、浮体式建築物や構造物はそれ自体が免震性をもつため、地震による影響は陸上の建築物や構造物よりも極めて小さい。このことは水深が深くなるほど有利だといえる。しかしながら例外があることが分かっている。海水は一般に非圧縮性流体として扱われるが、1000m の水深を超えたときに海底面での地震動によって海水中に圧縮波が伝播する場合があると報告されている。この現象によって航行中の船舶などが大きな衝撃荷重を受けたり、それによって外殻を破損したりした報告がある。このような現象を海震と呼ぶ。これは単に海底地震が発生したということではなく、圧縮性進行波による衝撃波が伝播している状態である。湾内などの水深が浅い海域では理論的にはこのような衝撃波を伴う海震は発生し得ないと考えられる。むしろ水深が深くなるほど衝撃波を伴う海震が発生する。

（7）固有周期と外力

建築物や構造物が陸上に建っても海上に建ったとしても、設計時に最も考慮すべきは構造体の固有周期と入力となる主たる外力の周期特性である。すなわち、入力となる外力の主たる周期成分と構造物の固有周期との共振を避けることである。地震波の周期成分は10^{-1}～１秒程度の範囲が主である。しかしながら近年問題となっている長周期地震動は２～20秒程度の周期成分を含んでいるといわれる。長周期地震動に対応するための技術開発はまだ十分とはいえないし、その対策も今後の研究課題となっている。

海上においては波浪の周期成分は３、４秒から20秒ないしは25秒程度までと考えてよい。この周期帯から浮体の固有周期を避ける設計が行われる。地震に対しては先述したように大きな影響はないが、杭で海底と繋がる桟橋構造やジャケット構造では陸上と同様に地震動を考慮する必要がある。陸上と異なる海水の影響は、耐震設計においては海水の付加質量として考慮される。なぜならば、空気の800倍ほどの密度の水を構造物が自身の揺れによって一緒に動かすことになるからである。

11.6　波浪に耐える

海上の建築物や構造物は直接海洋波の影響を受ける。海洋波のうち大きな影響を与えるのは波浪である。波浪とは海上風によって作られる海の波であり、風成重力波ともいわれる。潮汐波動は数十から数百メートルの構造物スケールでは水位の変化と海域によっては潮流という流れとして作用する。潮流についてはここでは触れないが、浮体式建築物や構造物の特に係留システムの設計ではそれが考慮される。

設計条件として最も考慮されるべき外力が波浪である。波浪は風波とうねり成分に分けられるが、設計においてはそれらが区別されるわけではなく、一般的には最大波高と最大波の周期が重要となる。これらの基となる情報は有義波であるが、ここでは詳細を省く。海底に固定された構造物であっても浮体であっても波浪外力が作用しそれに耐えうるために必要な方法でその外力が算定され、構造体の設計が行われる。波浪によって浮体は動揺するし、固定式構造物であってもやはり波浪によって構造振動が発生する。それに伴って部材レベルでは変形による応力が発生する。これが設計強度を上回らないような構造設計が行われる。また、これらの部材応力を発生させる要因は動揺や振動に起因する変形であるため、顕著に変形しない構造体は剛体としての運動が、変形を無視できない挙動に対しては流力弾性応答解析が適用される。剛体として扱われた場合でも断面レベルでの波浪外力の差から構造断面に作用する内部荷重が与えられて、そこから詳細な応力解析が行われる。波浪に耐えるのは構造体本体のみならず位置保持のための係留システムも同様である。係留システムの設計では、係留システムの破壊によって浮体が漂流しないことが最も重要である。

構造システムとして動揺や振動に耐えることとは別に、波浪が構造体に打ち付けることによる衝撃荷重も無視できない場合がある。海水の打ち込みによる衝撃荷重によって瞬間的にかつ局所的に巨大な荷重が作用して、鋼材である外殻が凹んだり穴が開く場合もあるし、鉄筋コンクリート構造が破損することもある。海水の打ち込みは極めて非線形性の強い現象であるため水槽実験や数値計算力学的な手法によって予測する必要がある。

陸上であっても海岸などの海辺に建つ構造物が波浪の影響を直接受ける場合がある。十分な設計波高の下で設計されていたにもかかわらず波が到達して波を被ることで破損する等の被害報告が海岸道路などで見られる。これを説明するためにフリーク・ウェーブという表現が使われる。沖合の波浪も含めて、有義波高の2倍を超える波高の波をフリーク・ウェーブという。この発生原因は成分波の重なりでたまたま発生すると説明されたり、成分波の非線形干渉によって発生するとか、あるいは海域によっては海流などの流れとぶつかってたまたま発生するなどの推察があるが、未だ正確な理由は説明されていいない。また、その発生予測も困難である。設計においては陸上でフリーク・ウェーブの影響を受ける場合は砕波を伴う現象であると推察できるため、大きな衝撃荷重になると考えられる。

11.7　津波に耐える

津波の語源は港（津）で発生して被害をもたらす波である。一般的に水深の深い沖合で津波に遭遇しても、海洋構造物は被害を受けない。むしろ津波に遭遇していることが認識されないといえる。その理由は水面の上昇量に対して波長（波の長さ）が極めて長く波形勾配（波高／波長）が小さいからである。しかしながら、波長が長い分そのエネルギーは非常に大きい。それが浅海域に到達すると一気に波長が短くなりながら水面の上昇量（津波高）が大きくなるため、港に係留された船舶がしばしば転覆するなどの被害を受ける。また、その波がさらに巨大で陸に大きく遡上する場合には陸上の建築物や構造物にも直接的に海水の荷重が作用することになる。港などで数十センチの津波と記録される場合には設計時に考慮されたよりも水深が大きくなることで係留索への負担が大きくなったり、係留船舶が岸壁に引っ掛かることで結果的に転覆したりする場合がある。浅海域でドルフィン・フェンダー係留されることの多い浮体式建築物や構造物はガイドとなるドルフィンを外れなければ大きな被害を受けない。東日本大震災の際の大津波に対して、塩釜の浮体式桟橋はドルフィン杭から外れなかったためにほとんど被害はなく、それに係留されていた観光船も全く被害を受けなかったという事例がある。

しかしながら、大津波で係留索が破断して船舶や浮体式建築物や構造物が漂流してしまえば、津波漂流物として二次的な被害をもたらすことになる。海上で他の構造物に衝突して被害をもたらすだけでなく、陸上に遡上する規模の大津波の中ではそれらの漂流物が陸上の建築物等に衝突していく。また、津波が遡上することで陸上にある自動車やその他の構造物そのものが漂流物となり建築物等に衝突して破損させる場合もある。鉄筋コンクリート造の建築物や構造物は耐震設計されており実際には遡上した津波そのもので倒壊したり、小規模の津波漂流物によって倒壊したりすることはほとんど考えられない。それほどに鉄筋コンクリー造の構造物は頑丈である。しかしながら、壁や部材レベルではその限りではないことも考えられる。津波漂流物による衝撃荷重をどのように設計に考慮していくべきかは現在も議論が進められている。

ところで、東日本大震災時の大津波で女川などでは鉄筋コンクリート造のビルが倒壊・転倒している。建物内に海水が侵入しない場合やビルの前後で水位差が大きくなると、浮力が作用して転倒しやすくなったり、水平荷重が非常に多くなったりすることがある。この大きな水平荷重は大きな転倒モーメントを発生させる要因でもある。また、津波が陸上へ遡上するときの流速（遡上後はもはや波ではなく流れになっている）よりも貯まった海水が引いていくときの流速の方が大きい場合があり、その流れ荷重によって転倒することも考察されている。ただし、これらの現象は構造物に対して水位が比較できるほど大きな場合であり、浸水被害をのぞけば、稀にしか起こりえない被害である。むしろ、この稀にしか起こりえない被害に対して、どこまで設計に考慮する必要があるのかが大きな問題である。

土木構造物である防潮堤は数百年に一度来襲するであろうレベル 1 津波に対しては越波や越流を許さないよう設計され、千年に一度の確率で来襲するであろうレベル 2 津波に対しては防潮堤の破損や越波などが発生する前提で設計されている。レベル 2 津波に対してはハード的な対策のみでは防ぎきることができないことを前提として、背後の地域防災計画をソフト面を含めて検討することになっている。背後地に計画される都市、まち、村や建築物個々のレベルにおいても、このことが考慮される必要がある。

11.8　総合的な技術

建築基準法の範囲で設計される海洋建築物と限定すれば、それが海上に建てられたとしても建築の技術だけで設計できるかと考えたとき、おそらくその答えは否である。あくまでも設計基準として何を採用するかでしかない。海底に固定される構造物であれば海中と海上の工事が必要となり、ほとんどの場合にそれは港湾法の範囲、そして基礎工事などでは「港湾の施設の技術上の基準・同解説」が適用され、これらは土木工事になる。上載建築物は建築基準法の範囲で計画・構造設計もされることになったとしてもである。第7章でもふれた2020年7月に竣工した東京国際クルーズターミナルはまさに基礎部分の土木構造物と上載の建築物が一体となった構造の代表事例となった。天王洲の運河に浮かぶ T. Y. HARBOR の水上ラウンジは2006年2月にウォーターラインとして竣工しており、基礎となるバージは ClassNK（日本海事協会）の船級認証を、上載するラウンジは建築物として建築基準法にて設計されている。これはいわゆる船舶安全法と建築基準法とのダブルスタンダードとして設計・計画されたものではなく、明確にそれぞれを分離させて合理的に設計基準を適用している。海洋構造物を考える場合に、一般的に鉄骨造の建築物などの上載構造物は全体強度に大きく影響しない。それほど基礎となる桟橋部や基礎・基盤浮体は強固に設計されている。それゆえ、純粋に建築物として上載構造物を設計することが可能であるともいえるが、その基礎部との接続にはこれまでにないノウハウも必要となる。

海洋建築として建築基準法適用外の構造物まで視野を広げた場合には、設計条件や設計基準は異なるが、基本となる力学的問題や構造解析手法に違いはほとんどない。特に考えるべき力学的な現象や問題の多くは共通であり、それは浮体式構造物になった場合においても同様である。海上と陸上には海水の有無の違いがあるが、見方を変えれば海水の代わりに陸上では地盤があるといえる。設計や建造の経験が多い陸上構造物では地盤と構造物振動の相互影響を設計レベルでほとんど考慮せずにそれぞれを独立させて考える設計法がある。それに対して海上に浮かぶ構造物では海水との動的な相互影響を無視できない場合が多い。そのためこの相互影響問題を専門で扱う分野と構造設計を専門で扱う分野が別々に存在する。この相互影響問題から得られる結果があれば設計においては陸上建築物も海上の建築物も大きな違いはなくなるともいえるわけである。

構造物を構成する主たる材料の選定による違いの方が設計手法に与える影響は大きいと考えられる。このことは陸上も海上も同様である。海洋構造物は基本的に鋼製（スチール）構造物が多いが、これは水密性の確保と重量を抑えるためである。土木構造物において鉄筋コンクリート造や鉄骨・鋼板とコンクリートのハイブリッド造のバージは広く浮桟橋などで使われている。さらに、プレキャスト・プレストレスト・コンクリート浮体も建造されており、浮体式洋上風力発電システムへのハイブリッドスパー（[佐藤郁、牛上敬、宇都宮智昭、水上大樹、高清彦、2012]）としての適用事例もある。建築技術を広く修得したうえで海上の構造物の設計に特有な事象を理解することで陸から沖合まで広く海洋建築物・海洋構造物の設計や施工が可能となる。そして環境外力を含めた設計条件と設計基準・規則などを広く理解することも極めて重要である。

おわりに

本章では建築物が陸上に建築される場合と海上に建築される場合とで、技術的あるいは設計概念的に共通する部分と異なる部分を同じ土俵で比較しながらの技術解説を試みた。一般的な海洋建築の技術的解説では、海上における構造形式やその特徴が強調されるが、実は陸上に建築するための技術や思想を少し柔軟に考えることで、比較的容易に海における建築にも適用できることを示した。そのことで設計や外力設定において逆に海洋建築特有の考慮すべき事象などが明確に示されたと考える。次章ではその海洋建築物の提案や建設の歴史と計画の背景を解説していく。

第12章
海洋建築物の歴史

History of Oceanic Architecture

畔柳 昭雄

はじめに

海洋建築物は1960年代後半から余暇活動を支援する施設として登場してきた。その後、国内各地で開催された地方博覧会による展示施設、パビリオンとして設置されるものが増えた。特に、各博覧会における集客施設としての役割を担う海洋建築物は、様々な空間形態や構造形式を導入していた。その後、各地に多様な機能や用途による海洋建築物が建設された。

本章では、海洋建築物の成立要因として日本の海洋建築物の成立要因の整理、水面空間利用の計画的背景を整理、次いで海洋建築物の系譜を整理し、海洋建築物の歴史を概説する。

12.1　海洋建築物の成立要因

(1) 日本の海洋建築物の成立要因

海洋建築物が一般に認識されるようになったのは、1967年に和歌山県白浜町の磯浜の広がる岩石海岸にだれもが容易で安全に海中景観を楽しめる施設として海中展望塔が誕生したことに始まる。1972年には海中空間を活かしたレストランとして「与次郎が浜海中レストラン」が建設された。以来、1975年の沖縄海洋博覧会では、海上に浮遊するパビリオンとしてアクアポリスが建設され、2001年に撤去されるまで博覧会跡施設として利用された。また、1989年に福岡県博多で開催されたアジア太平洋博覧会では、人工海浜の地先の海上に、博覧会終了後も恒久的な利用が意図されたパビリオンとして商業施設マリゾンが建設され、同じ年、広島県の境ガ浜マリンパークにも、マリーナの防波堤を兼ねた浮遊構造形式による水族館やギャラリーなどの展示機能を持つ、フローティングアイランドが建設された。その後、海に関連した地域振興計画や、各地の臨海部において一大ブームとなったウォーターフロント開発及び各種のマリンリゾート開発並びにテーマパーク建設をきっかけとして、多様な空間形態、機能・用途を持つ海洋建築物が、各種の構造形式を用いることで開発地区の中核施設として位置付けられて建設されてきた。

近年、実現化される機会が減少している海洋建築物ではあるが、ウォーターフロントの地先水面の有効利用や造船所跡地のドック水面の有効利用を図るために、水上住居の実証実験やバージを用いたカフェや飲食施設が水辺の環境を活用してオープンしてきている。

東京都では2005年に東京港に現存する運河の多角的利用を意図した「運河ルネッサンス」を立ち上げ、運河の水域占用許可の規制緩和を行うことで、港湾関連事業者以外の利用を可能にした。この第１号指定事業として、天王洲運河にはバージ型浮遊形式の基礎構造による水上レストランが設置された。また、大阪府でも河川法の規制緩和の特例措置を受けて、堂島川の中之島に特例地区を設け浮遊式基礎構造による常設の水上カフェの設置が行われてきている。

海洋建築物の用途と機能について整理したものを表12.1に示す。これを見ると、海中展望塔や釣りセンターのように海に依存することによって成立する機能を持つ施設や、水族館や艇庫、市場など海に関連した機能を持つ施設のほかに、飲食、宿泊、商業、観覧など海に立地することで海の環境的な資質を活用しようとする施設も数多く立地していることが分かる。このことから必ずしも海に依存・関連しない施設も海に立地することで施設の魅力を高めたり、利用効率を高めていると思われ、比較的多様な用途・機能の施設がつくられてきていることが分かる。

表12.1 海洋建築物の用途・機能

用途	件数	施設機能	用途	件数	施設機能
レストラン	17	飲食施設（19）	クラブハウス	1	レジャー施設（2）
料亭	1		釣りセンター	1	
宴会場	1		体育館	1	体育関連施設（3）
海中展望塔	7	展望施設（8）	艇庫	1	
海中展望場	1		係留場	1	
ホテル	2	宿泊施設（7）	展望観覧席	1	観覧施設（3）
旅館	2		多目的ホール	1	
宿舎	2		シアター	1	
コテージ	1		研修センター	1	教育施設（1）
水族館	4	展示施設（6）	市場	1	水産関連施設（1）
博物館	1		サービスエリア	1	交通関連施設（1）
EXPO パビリオン	1		史跡	1	文化施設（1）
店舗	2	商業施設（3）	福祉センター	1	福祉施設（1）
事務所ビル	1		浴場	1	入浴施設（1）
ターミナル	2	ターミナル施設（2）			

ここで用途・機能や設置目的に対応して基礎構造形式を整理すると、「有脚形式」、「着底形式」、「埋立形式」、「浮遊形式」などが見られ、固定（有脚、着底、埋立）形式と浮遊形式に大別される。これら基礎構造形式と要求される施設部の機能空間との統合や接合方法は、図12.1に示すように、①積載式：基礎構造形式を基盤とした外部空間を備えた形態（マリゾン［図12.2写真－①］や海上コテージなど）。②一体式：基礎構造形式と一体化した形態（海中展望塔

や青少年海洋センター［図12.2写真－②］など）。③複合式：①及び②を複合化した形態（アクアポリスやフローティングアイランド［図12.2写真－③］など）。など主に 3 つの形態になる。この中で、①や③の形態に見られる外部空間は、建築物に多様性を持ち込むと共に、周辺環境とを結びつける媒体空間や親水空間としての機能的役割を担い、屋外空間としての公共的性格や公開性を具備しコモンスペースやオープンスペースとしての意味を持つ空間を構成しているものもある。

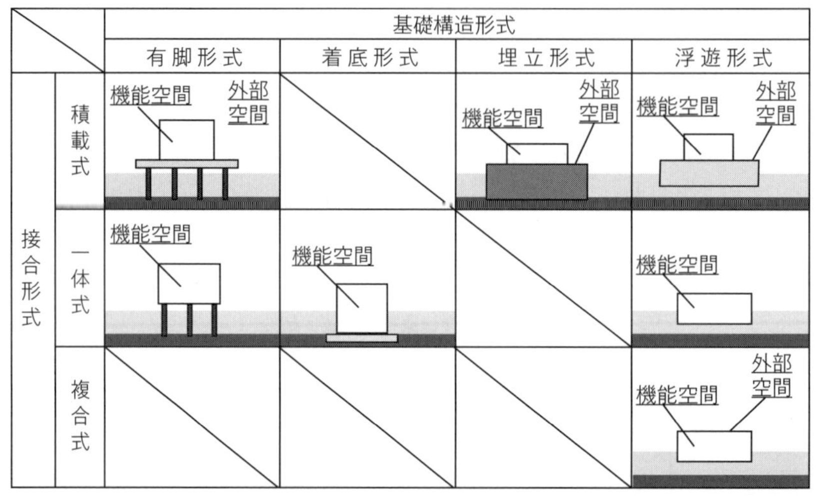

図12.1　機能空間と基礎構造形式との接合形式

写真－①マリゾン（積載式）　写真－②青少年海洋センター（一体式）　写真－③フローティングアイランド（複合式）

図12.2　海洋構造物の接続形態

海洋建築物の立地する敷地としての陸域や海域との関係を見ると、図12.3に示すように陸域と関係性の強いものは、建築物が海岸線から海域に突出した「接岸着地型」と、建物全体は海域に位置するが、一部が陸地に接する「接岸接水型」があり、海域との関係性が強いものは、建物は陸域から離れ桟橋等により結ばれる「離岸連結型」と、建物が海域に設置される「離岸独立型」に分けられる。こうした設置形態は、求められる機能的要求や法的、基礎構造的対応などによって種々のものが見られる。また、離岸型のアクセス路としての桟橋や付帯施設などを利用することにより、釣り場やマリーナなどを併設し、水域を親水空間として多用しているものなどもある。

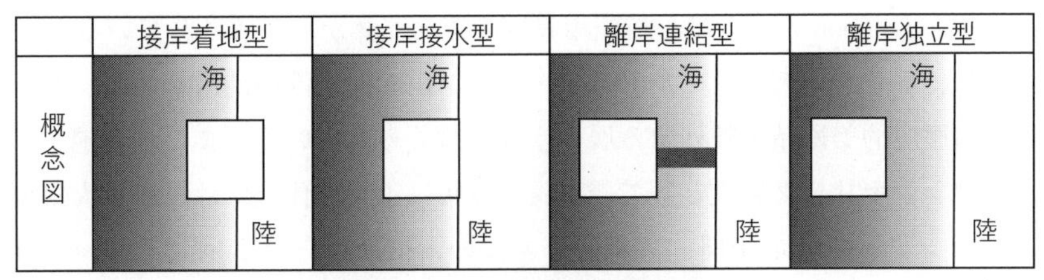

図12.3 海洋建築物の設置形態

海洋空間利用は、当初は都市問題解決の場としてその可能性が示唆されていたが、その後、具体化された海洋建築物の主な計画背景は、
①施設の独自性を生み出すために海上に建設された。
②海中・海上の景観を観覧するために建設された。
③敷地が侵食・水没し、その跡地の海域に建設された。
④陸域用地の代替措置として海上に建設された。
⑤施工の効率性を追求し造船ドック内で建設された後、曳航されて設置海域に設置された。
⑥施設の跡地利用として保存・転用された。
以上６つに整理することができ、概ね海洋建築物は博覧会やイベントなどにおいて、海面や水面の利用が意図されることで計画されており、海に立地することで求められる機能・用途を果たすものが建設されてきた傾向が見られる。また、期間を限定した博覧会などでは浮体式構造物とすることで、博覧会後の跡地を元の状態に容易にできるため活用されている。

（２）水面空間利用の計画的背景

各水面空間の利用における計画的背景を概観して行くと、居住機能としての浮体式住居は、アメリカ・サンフランシスコ・サウサリートの「House Boat」の場合、1970年代初め解放性（感）や自由性、自然性や親水性を求める人々によりつくりだされ、今日では水上コミュニティが形成されてきている。また、近年、洪水が頻発する流域の再開発計画の中にHouse Boatによる地区整備が盛り込まれるものも見られる。飲食機能としての水上レストランは、香港では「JUMB」、シンガポールでは「Catalunya」があり、それぞれ立地場所が持つ歴史性や伝統・文化性、景観や喧騒、賑わいなどを考慮してつくられてきた。余暇機能の場合、フランス・パリ・セーヌ河では従前、平底船（ペニッシュ）を住居として暮らす人々が多く、こうした水と親しむ光景を反映してポンツーン上部を公園緑地とした計画が進められている。また、オーストラリア・ケアンズ・グレートバリアリーフでは、世界遺産としての海中景観を楽しめるように洋上にダイビングやシュノーケリングのためのレクリエーション基地「Reef Pontoon」がつくられてきた。Reef Pontoonは80年代後半から設置されるようになり、ケアンズ市から沖合いに２時間程度の距離範囲40km～60kmに位置するアウターリーフに設置されている。設置されている５基は類似した機能を備え形態も概ね同一である。浮体部分は、鋼鉄製の直径1.5mのパイプ２本で構成された浮函で、この上部に広い甲板と利用客用のサービス機能諸室が搭載されているが、規模の大きなものは床を２層にしている。また、海中には海中展望室が具備されている。大型の Pontoon の場合は、機能用途別の連結浮体から構成されている。

展示機能では、ドイツ・デュッセルドルフ・ライン川の河川港の港湾水面に、バージを 4 隻活用して地元の歴史的美術品を陳列する展示空間がつくられている。また、韓国・ソウル・漢江には、首都のシンボリック施設として、市長の政策により浮体式では世界最大規模となるコンベンションセンター、展示空間、スポーツ施設の 3 機能からなる施設「Floating Island」がつくられた。英国プレストン・ブロックホールズの湿原森林自然保護区の湖沼では、ビジター兼教育センター「Brockholes Visitor Center」を建築する際、湖沼で洪水が頻発するため、その対策としてポンツーンを基礎とすることで、洪水時に浮かぶことにより洪水被害を回避することが意図された。教育機能では、ナイジェリアの旧都市ラゴスのラゴスラグーンにあるマココ（大規模な水上スラム）は、気候変動の影響と人口増加による都市化の影響を受けて洪水が頻発し、唯一の小学校校舎が洪水被害を被るため、多目的空間と教室を併設した「Makoko Floating School」をつくりだした。また、この汎用モデルを今後は様々な用途に活用できるように計画している。 運動機能では、シンガポール・マリーナ湾のラッフルズ地区岸壁に係留された「THE FLOAT」は仮設的代替施設として、国立スタジアム建設に際して 5 年間の期限限定で設置されている。業務機能は、中国・上海・黄浦江で、バンドに沿った河川水域に業務の効率化を図るため、各種の公的管理業務機能を持つ 8 隻の施設が置かれている。また、グーグルは、2013年に海洋エネルギー利用や移動性及び陸上設置に伴う制約解決方策として水面利用のための「Google Barge：洋上データセンター」を開発した。交通機能では、アメリカ・ニューヨーク・ハドソン川に面するバッテリーパークシティには、対岸各地を頻繁に結ぶフェリーのための大規模なターミナル利用効率を高めるため水域に設置されている。

12.2　海洋建築の系譜

日本の海洋建築は、1960年以降の経済成長に伴う海洋技術の進展を受け、全国各地で多種多様な施設が建設されてきた。1967年には世界初の海中展望塔として「白浜海中展望塔」が建設され、1972年には海中空間を活かしたレストランとして「与次郎が浜海中レストラン」が建設された。こうした観光施設としての観光客を対象として海中景観を堪能できる施設が建設され、一躍海への関心が花開いた。1975年には沖縄の本土復帰を記念した沖縄海洋博覧会が沖縄県本部半島で開催され、政府出展の万博パビリオンの役割を担った「アクアポリス」が展示された。この施設はセミサブ形式の大型浮体式構造物を用いることで建設された「未来の海上都市のユニットとして建設された。その後、各地で開催された博覧会においても「海」をテーマとするものが多く、その中心施設として海洋建築物が建設された。特に1989年は地方博のブームが頂点に達した時期であり、海上のパビリオンが相次いで登場した。構造形式も浮体式が盛り込まれることで、空間形態も多彩さが豊富になった。これら海の上の建築の中で「マリゾン」以外を見ると、横浜博では海洋土木工事会社いわゆるマリコンの合作による、「海のパビリオン」が出展された。また、同年 4 月には広島県沼隈郡境ガ浜で「'89海と島の博覧会 ひろしま」が開催されフローティング・アイランドが竣工した。

フローティング・アイランドは境ケ浜マリンパークの拠点施設の1つで、規模は長さ130メートル×幅40メートルほどの浮函であった。境ケ浜マリンパークはマリーナを中心とした海洋リゾート拠点を目指し、フローティング・アイランドは浮消波堤としての機能をもちマリーナの内水面の静穏化をすると共に、巨大な内部空間と上甲板を利用することで、内部には大水槽のある水族館や小劇場、ギャラリーが設けられ、上甲板には300人ほど収容できる屋外劇場や広場で構成された。1992年3月には広島県呉市に「呉ポートピアランド」が開園し、海上のアミューズメント施設として劇場やレストランなどが設けられた浮体式（係留船）の「エストレーヤ」が建造された。

2000年には海上空港の実証実験として、超大型浮体構造物「メガフロート」が建設された。

しかし、2000年代になると、前述したアクアポリスの撤去を皮切りに、多くの施設において閉鎖や撤去が進められ、加えて、新規の施設計画についても構想や実証実験に留まることで具現化の機会が減少し、海洋建築物に対する社会的な関心が次第に低迷していった。

このように海洋建築物の計画・建設では、より日常的な範疇における多様な水域利用が図られてきており、加えて、国外の事例では、洪水被害を防ぐ手立てとして、建物自体を「浮かす」という海洋建築的思考を導入することで、立地環境に順応することを意図した取り組みが展開されてきている。

おわりに

海洋建築物の歴史的経緯を概観することで、海洋空間利用がどのように変化してきたか時代を追って見てみた。当初は陸域近傍の浅海域においてダイビングスーツを着なくとも海中の景観が自由に堪能できると「海中展望塔」は人気を集めた。その後、全国に11基設置され、海を身近に感じることができる施設として認識された。その後は、万国博覧会など国家的行事や地方自治体の地域おこしの取り組みの一環として開催された地方博の展示施設として海洋建築が登場した。これらは恒常的な設置施設として今日まで残されてきている施設もあるが、新たな海の利用を彷彿させる施設として人気を呼んだ。特に構造形式は杭式や浮体式、埋立式など多彩で、来場者の関心を高めることにつながった。その後、世界に先駆け超大型の浮体構造物として1,000m の長さを持つ「メガフロート」の実証実験に成功した。一方、世界を見ると、水上住居や環境変動への対応から海上に移設された施設及び、気候変動への対応措置としての海洋建築の利用など多様な利活用が図られていることなどを概観した。

第13章
海の建築のレガシー
Legacy of Oceanic Architecture

畔柳 昭雄

はじめに

本章では「海の建築のレガシー（遺産）」と題して、海洋建築物や海上都市の創始者たちの横顔を踏まえつつ、海への思いとしてのそれぞれの係り方を概説する。ここで取り上げる係わり方とは、創作物としての船や建築物、計画構想であるが、それぞれ大きな思いを持ちながら取り組むことで表出してきたものである。こうした創始者たちのレガシーが海洋空間利用に対する思いを馳せ海洋建築物を生み出す礎となってきた。ここでは創始者たちを取り巻く関連事項を踏まえつつ海の建築のレガシーを概観する。

13.1　加藤渉とコンクリート船

日本の建築家が客船の内装の設計に携わったことは第１章で述べた。また、船そのものの建造に携わった建築家や建築技術者も大勢いた。特に、戦時中には物資運搬船としてのコンクリート船を数多く建造していた。コンクリートは建築材料として使われてきていたため、建築技術者がそれに慣れていたためである。戦時中に建造された船は現在再利用されて、広島県呉市の安浦漁港の防波堤として設置されている。また、山口県笹戸島には船体の前半分が失われたものが浅瀬にある。コンクリート船の再利用は世界中で行われておりアメリカやカナダでもコンクリート船の再利用による防波堤が多い。

こうしたコンクリート船建造の流れの中で、1940年（昭和15年）頃に満州凌水屯に陸軍の造船中隊が置かれていた。この隊は関東軍技術部で研究が進められてきたコンクリート船を建造するために編成された実施部隊であった。この頃、日本と満州の間の物資輸送のためにコンクリート船を使うことが計画されていたが、この計画遂行の中心的な人物が横尾義貫と馬場知己の二人の中尉であり、共に京都大学建築学科の出身であった。このコンクリート船の具体化は建築構造学の研究者であり当時、大陸科学院研究室主任研究官兼新京大学教授であった小野薫に依頼され、コンクリート船の建造が急がれていた。そして、このコンクリート船建造のために編成された凌水屯部隊の隊長は小山技術中尉、副隊長は足立、梶山両少尉が任命されそれぞれ前職は建築家であった。また、特に選び抜かれた５名の隊員もやはり全員が大学の工学部建築学科出身者で構成されていた。計画は増田友也が担当、増田は終戦後、母校の京都大学に戻り教鞭をとる傍ら建築家としても活躍し、数多くの作品を残している。構造は加藤渉が担当、加藤も終戦後、母校の日本大学理工学部に戻り教鞭をとる傍ら、建築設計や土質基礎調査で活躍し、1959年（昭和34年）神田駿河台に理工学部の新校舎を建てる際、基礎構造を担当し、円筒シェルを基礎に用いるという世界的にも珍しい試みを行った。海にコンクリート船を浮かべた時の経験を生かして不安定な地盤に建築を浮かべるという閃きによるものであった。材料は増田文雄、施工は渡辺、溶接は池田がそれぞれ担当した。この編成の中には造船関係者は一人もいなかった。元々このコンクリート船の建造は建築技術を持ち合わせながらもその技術を生かす任務がほとんどなく、日々悶々と過ごしていた若い建築技師を使って、船を造らせようという発案からはじまったものである。1943年には500t、全長39.2m、全幅8.8mのコンクリート船の建造を終えて進水式を終え九州へ向けて曳航中に沈没したが、その後5千t級の船を建造命令が下された。1945年（昭和20年）はじめには2隻のコンクリート船の躯体が進水した。コンクリート船は改D25型輸送船と呼ばれ全長130m、全幅20m、外殻10cm程の厚さを持つ大型船であった。船の構造を担当した加藤は当初はシェル構造を用いることで船体の外殻を薄くすることを検討したが施工が難しく、船形だけは造船専門の川南造船に委ねられた。この船は巡航速度で13ノット程度を出すことができた。この頃は鉄鋼船の設計規則はあったがコンクリート船の規則はなく、断面鉄筋量とコンクリート量についての計算は手探り状態で行われたという。

13.2　菊竹清訓と海上都市構想

(1) 加納久朗の「東京湾埋立構想」

海上都市構想は1959年に菊竹清訓と大高正人によって初めて発表され、これ以降の5年間に丹下健三を含めた3人の建築家が東京湾を計画対象地とした構想を提案している。東京湾海上都市構想の発端となったものは加納構想であるが、加納は1958年4月に自身が考案した首都改造構想である「東京湾埋立ニヨル新東京建設提案」を発表した。工業化の進展には都市への人口集中と都市膨張が避けられないとして、分散策は解決策とはなり得ないと考えていた。加納はもともと土地問題への対応として高層化や埋立ての促進を訴えていたが、その後オランダで視察した干拓事業に感銘を受け、地主不在の東京湾の海洋空間を活用することによる、宏大で計画的な新首都の建設を主張するに至った。本構想は単に都市問題を解決するためだけではなく、東京湾に東洋一の最新港湾を建設し、港湾直結の工業地帯を造成することによって生産・消費・貿易の振興を図り、首都を世界的な経済都市に発展させることを最大の狙いとしていた。加納構想の核心は港湾を軸とした首都の構築であり、それをして首都を一大経済都市に変貌させることであった。

(2) 大高正人の「海上帯状都市」

大高は建築家として工業国・日本の都市建設を見つめ、その手法や形態に斬新さや新規性がみられないことに問題意識や行き詰まり感をもっていた。他方で、日本が海洋国家であり海上輸送に適し、世界地図に於ける位置をみれば未だ工業発展の余地は潜在的に大いに残されているとして、能率的な産業都市建設の可能性はあると指摘する。そこで、大高は加納構想を根本的に優れた痛快な計画と批評し、都市に於ける高層アパートの理想的な配置形態を提示する際に加納構想を採り入れ「海上帯状都市」としてまとめた。

「海上帯状都市」は加納構想を下敷きにしているため、港湾建設に最適化され、東京湾の等深線に沿う形状で帯状に配置されている。東京湾外側より都市構築の軸となる港湾と臨海工業地帯、住宅地帯および都心機能が並ぶ。加納が海洋空間を専ら産業空間や土地化可能空間とのみていたのに対して、大高は建築家として海洋の親水機能を都市生活に活かし、埋立ての非合理面を克服するために海上都市の主要な造成方法として杭式を採用することで、海面を残し、海洋レクリエーションの場として利用することが盛り込まれていた。

（3）丹下健三の「東京計画1960」

丹下は、東京都人口の１千万人突破が確実のものとなった状況に於いて、産業の高度化は経済・政治・文明と文化創造の中枢が有機的に一つの組織として結合した１千万都市の出現から逃れられないと分析し都市問題の解決には新しい都市構造への移行が求められるとして、都心という概念を否定し「都市軸」という新しい概念の導入により、従来までの求心型・放射状から、線型・平行射状へと都市構造を改めよう考えた。そして、都市軸は東京都心を起点に構築されねばならないとして、都心に隣接する利権に汚れていない空間として東京湾への展開が提案されている。

丹下は、産業の高度化によって誕生する１千万都市では、工業生産はもはや主要な要素ではないとみなしており、東京湾を単なる生産空間としてのみ使用するのではなく、都心空間や居住空間として積極的に活用すべきであると考え、港湾や工業地帯に独占されている東京の海洋空間を都市生活に取り戻そうとさえしている。大高の海上帯状都市までは、東京築港構想の延長上の都市構想であったが、丹下は加納構想から影響を受けつつも築港の考えからは完全に決別していた。

（4）菊竹清訓の「東京湾計画1961」

菊竹清訓は、1961年11月に東京湾の海上都市「東京湾計画1961」を公表した。これは、東京都内の地盤沈下問題を浮体式海上都市の採用によって解決することを提案した「江東計画」を発展させたものである。

菊竹は、「東京湾計画1961」よりも前から海上都市構想を発表しており、その第一弾は1959年に大高の海上帯状都市と同時になされた。菊竹は人口増と土地問題への関心から「人工土地」の検討を以前より進めており、1957年頃には垂直に伸びる人工土地「塔状都市」を考案していたが、同年のスプートニク１号の打ち上げに感銘を受け、海洋空間に目を向けて浮体式の人工土地「海上都市1958」および「海上都市1960」の考案に至った。この着想の背景としては、当時各地で行われていた沿岸海域の埋立てによる自然環境の破壊や、海岸線の産業による独占に対する強い批判意識があった。さらに「メタボリズム」の観点から埋立てでは機能更新に柔軟に対応できないといい、また産業公害によってこれ以上国土を荒廃させるべきではないとして、産業空間を浮体式人工土地の採用で海上に送り出すことを考えていた。菊竹の「海上都市1958」と「海上都市1960」は設置水面の移動を念頭置いたものであったが、「東京湾計画1961」は明確に計画対象地を東京湾と規定したものであり、ここに前2作との大きな差がみられる。それは、菊竹が東京湾で行われつつある開発に対して不満を抱いていたからと考えられる。同構想の配置図を見れば、東京湾中央に産業装置をそれぞれ浮体式とした第1・第2東京湾工業地帯が配され、周囲はドックとなっている。陸上交通は東京湾地域の全方向からアクセスが容易になっており、東京湾周で埋立造成されつつある産業空間を吸い上げるような形状をとっている。菊竹の「東京湾計画1961」は、東京築港構想とは異なる文脈からつくられたものであるが、間接的に東京での港湾建設を含む産業による海岸線の独占への対案提示とみることもできる。

13.3　平清盛と厳島神社

（1）　厳島神社の概要

厳島神社は1996年（平成8年12月）にメキシコで開催された第20回ユネスコ世界遺産委員会において世界遺産に登録された世界に類を見ない海上の社殿である。この神社は、瀬戸内海西端の安芸灘に点在する島嶼の中にある“厳島”の北西の入江湾奥に建立されている。この社殿は1168年（仁安3年）の大造営の後に1207年（建永2年）と1223年（貞応2年）の二度の火災で全焼した後、1241年（仁治2年）に再建された建物である。現在ある能舞台は室町時代末期以後に、左右楽房、左右門客神社は鎌倉時代に新設されたものである。

この海上に祀られた厳島神社社殿は神社社務所の社伝によれば、593年（推古天皇 元年）の創建時から1400年余りが過ぎており、大造営後からは850年程を経過した木造建築である。海上の社殿は、陸域とは廻廊によって結ばれており、東側の海岸に廻廊の入口が置かれ、近接して摂社客神社が配され、その先の社殿中央部に本社本殿が鎮座し、それを廻廊が囲繞するように張り巡らされており、西側の海岸の出口へと連なる。

海上にある建造物は、本社本殿・幣殿・拝殿・祓殿、客神社本殿・幣殿・拝殿・祓殿、左右内侍橋、朝座屋、左右楽房、能舞台・橋掛・能楽屋、大国神社本殿、左右門客神社本殿、天神社本殿、平舞台、高舞台、揚水橋、長橋、反橋が東西の廻廊で結ばれ、沖合に大鳥居が据えおかれている。

この内、海上に建立されている本社本殿や客神社本殿、東西廻廊など6棟については、1952年（昭和27年3月）に国宝に指定された。海上と陸上に各々建立されている大国神社本社や豊国神社本殿、朝座屋、能舞台の11棟と、五重塔、多宝塔、大鳥居の3基は、1899年（明治32年4月）に国の重要文化財に指定された。

この厳島神社は、創建当時から内宮と外宮の二社から構成された神社であったが、仁安造営が行われた際に新たに奥宮が建立された。この内、厳島の島内に建立された厳島神社は内宮

（本宮）で、大野瀬戸を挟んだ対岸の海岸部に建立された地御前神社が外宮であり、厳島の主峰である弥山に建立された御山神社が奥宮である。これら三つの神社の祭神には、すべて宗像三女神が祀られている。

厳島神社の社殿を構成する建築的・空間的な特徴を整理すると

①社殿を構成する建物は、創建以来すべてが海上に建立されており、それら社殿を結びつけるために廻廊を張り巡らせると共に、広場としての平舞台や舞楽のための高舞台を設けることにより、神社としてのまとまりのある一体的な建築空間を生み出している。

②現在見ることができる社殿は、仁安造営後の鎌倉時代に起きた二度の火災の後に再建された建物であるが、平安時代の伝統的な寝殿造様式による群体建築の空間構成を保持してきている。

③現在の厳島神社は、1868年（明治元年）の神仏分離令の発令以前に見られた神仏習合による神社仏閣が集まった様相が残され、陸域部には五重塔や多宝塔など仏寺的建築が残されている。

④神社の本社本殿は北西方向に正面を向けて軸線を通し、この軸線に沿い本殿の沖合260mに大鳥居が据えられている。

厳島神社は、社伝によれば推古天皇即位元年（593年：飛鳥時代）に社殿造営の神託を受けた当地の豪族佐伯鞍職が創建したとされる。創建当時の神社は、厳島の北西側の海岸に位置する小規模な入江の有浦湾内に形成された御笠浜に建立された。この神社は厳島の地理地形的景観が放つ異彩が神聖化されることにより、瀬戸内海周辺地域を含めて信仰対象として崇められることで島は禁足地として扱われ、自然物の改変も禁じられるなど場所性や風習が遵守されてきた。この習わしが具象化され神社が祀られた際、神社としての社か祠を島の中に祀ることが避けられ、海浜に建立されたとされる。

その後、神社が創建された有浦湾の中の御笠浜については、佐伯鞍職以降の世襲神主であった佐伯景弘が仁安造営について記した「伊都岐島社神主佐伯景弘解」の中に「社殿は海浜に立ち、波に当たり壊れやすい（「立此海浜、然間当波易破」）」との憂いを記していた。

このことについて厳島神社の立つ有浦湾を概観すると、創建当時の地形と今日ではその様相は大きく異なることが分かる。創建当時の湾内には背後の山間部から御霊川（現紅葉谷川）と瀧川（現白糸川）が東西方向に各々流れ込んでいた。このため、湾口からは波が打ち寄せ、湾奥からは河川が流れ込む場所となり、双方からの土砂の流入堆積により中洲が形成され御笠浜が生み出された。こうした環境条件の著しく厳しい場所に、あえて神社が祀られたことは厳島信仰の尊厳を遵守したものとされてきた。

加えて、厳島は聖域であり禁足地のため、島外からでも神社参拝ができるように神社創建時には、対岸に遥拝所（否定説もある）としての役割を担う地御前神社も同時に建立された。厳島神社を内宮、地御前神社を外宮とし、御祭神は両神社ともに宗像三女神が祀られた。この地御前神社は「北斗信仰（北極星または北斗七星を信仰）」に則り、厳島神社の建立された有浦湾の位置する場所から真北方向に建立されており、仁安造営時には厳島神社背後の真南方向にそびえる主峰の弥山山頂に奥宮が祀られた。これにより三つの神社は、厳島の真北方向に向いて御山神社（奥宮）から厳島神社（内宮）を経て地御前神社（外宮）までが一直線に並ぶよう配されている。

（2）廻廊による社頭景観創出の工夫

厳島神社の社殿は御笠浜の前浜辺りに建立されたことで、波の影響を常に被ってきていたが、平清盛の助力による仁安造営により寝殿造による社殿へとその姿を大きく変えた。この仁安造営について佐伯景弘は、それまでの質素な社殿による社頭景観は大きく変わり、屋根の板葺は檜皮葺に替わり、金銅金具が増え、華麗荘厳な社殿になったと書き残している。そして、海上には本社本殿や摂社客社殿とそれらの幣殿・拝殿・祓殿など社格を高める社殿が建ち並ぶことで、社殿の間数が増えると共に、海上の社殿群と陸地とを結ぶために透廊づくりの廻廊が張り巡らされ、東側は51間または54間、西側は62間の規模で合計113間または116間が配されていたとされる。その後、度重なる災害被害に合うことで、現在の廻廊は東側45間、西側62間で合計107間となっている。

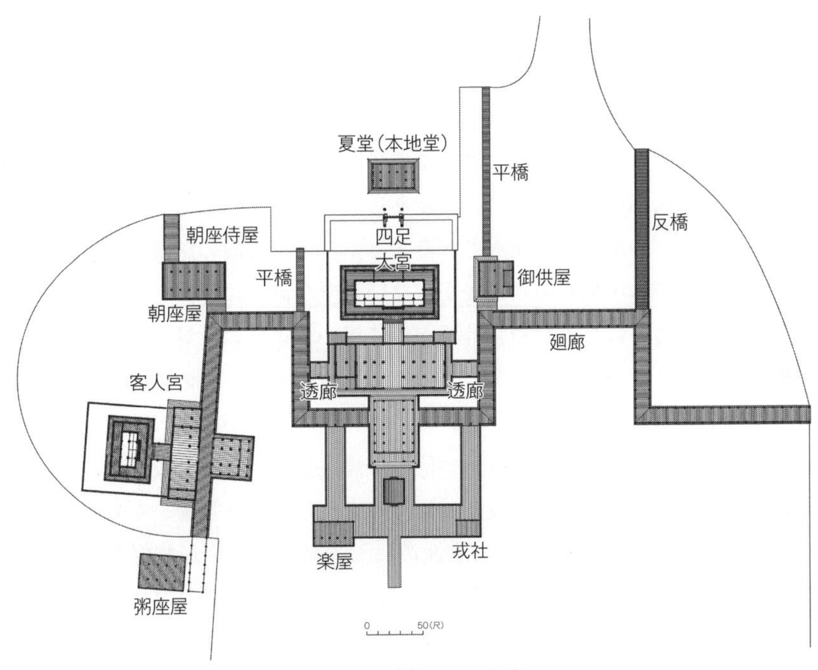

図13.1　厳島神社の廻廊

この廻廊は、海上に配された本社本殿や摂社客社殿を陸域側から参拝するためには必要不可欠なものとして備えられてきているが、各社殿をつなぐ渡廊下の役割だけではなく、一つの社殿としても扱われており1176年（安元２年）には廻廊を使い千僧供養が行われた。また、海上の社殿が生み出す社頭景観の創出においても廻廊が担う役割は高い。

廻廊の配置を見ると、入口から東側廻廊は３回直角に曲がり本社本殿前の祓殿に至り、祓殿から西側廻廊は４回直角に曲がり出口に至るよう配されており、廻廊全体は本社本殿を囲繞するようにして本殿正面と東西両側面の三面を取り囲むようにして配されている。

この廻廊の寸法は、桁行柱間が八尺（2.424m）で、梁間が一丈三尺（3.939m）で構成されており、当時のまま現状維持されてきているが、廻廊の床板は明治末期に張り替えられ、現在は磨滅防止のために、元の床板の上に保護板を張ることで二重床にして使われている。

廻廊の基礎は、礎石上に束柱を立て、梁間方向に大引きを架け、桁行方向に根太を張り、板幅は一尺（約30.3cm）で、板厚は一寸五分（約4.5cm）であり、この床板が桁行一柱間につき8枚張られている。現在の床板は簀子張りであるが、隙間の間隔は一定の幅とはなっていない。床板を簀子張りにしたことについては、仁安造営直後に行われた社殿の修理の際、簀子張りが取り入れられたとされているが、廻廊は寝殿造の透廊を模しているとされるため、元々が簀子張りの床面であったとも考えられる。

基礎の部分は、寝殿造では基壇を設けずに礎石積で床柱を支えているが、このことが厳島神社の海上の社殿においては、背後から流れ込む河川の流水や土砂を堆積させずに流下し易くし、神社の立つ御笠浜の海浜地形の変化の抑制に寄与しているものと思われる。また、社殿を支える床柱は、満ち潮時には海面下に水没するが海底となる砂浜が低い場所においてはわずかな高さの基壇が設けられており、それ以外は廻廊を含めて概ね束立礎石積となっている。

東西から延びる廻廊は本殿前に据えられている拝殿の前の祓殿にそれぞれつながっている。このことで本社本殿は廻廊によって取り巻かれることになるが、廻廊を3回ないし4回折り曲げることで本殿に至ることに関しては、これまでのところ考察は見当たらない。

一方、海上の社殿の床高の設定は、日に二度ある潮汐作用を勘案して海水に浸からないことや陸地との取りつきなどの関係性が検討されることで、海上社殿の床高は決められてきたものと思われる。ただ、社殿の床面が海水に浸からない安全な高さに床高を設定すると、海面と床の間隙の高さが広がることになるため、社殿が海に浮かぶようには見えない。また、逆に低く設定すると海水に浸かる危険性が高まる。このため、海上のすべての社殿の床高の設定においては、満潮時の最高潮位の海面の位置に基づき、床高の設定基準高を廻廊の床高とすることで、廻廊の床面が海面に浸からない最も低い位置に設定した後、各社殿の格式に応じて床高を決めていると考えられる（寝殿造では殿舎と廻廊の床面の間に下長押一本分の段差が設けられ空間の秩序づけがなされていた）。また、有浦湾はその地形的条件が北西を向いた閉鎖形の湾域で、湾奥から沖合200m程（大鳥居外側）までは1/100程度の緩傾斜勾配の砂浜のため、平常時はほぼ波のない海面である。そのため、廻廊の床高を有浦湾の最高潮位（秋の大潮時期）より概ね15cm程度上に設定して床面を張ることで、社殿の喫水線となる廻廊床面と海面の間に生じる隙間を最小限に狭めて接近させることを可能にし、満潮時は廻廊の床下の大引き（幅18cm）の高さまで海面が上がることで、床柱は海面下に没するため、回廊の床板の木口とそれを支える朱色に塗られた鼻隠板による連続的な線形だけが海面との間の喫水線として見えることになり、海上社殿が浮いて見える厳島神社特有の社頭景観を創出することになる。

このため、廻廊の床面の位置を水平に低く設けることが必要となってくる。そのため、この床高で東側の陸地の海岸縁に廻廊の入口を設けた時、廻廊の取り付く場所を1.0m程の深さで掘り下げて、石段を設けることで海面上に設けられた廻廊の床高をそのままの高さで維持して陸地に接続できるように配慮している（仁安造営後の神社では階段は設けられておらず廻廊が陸域まで延伸されている。ただし、床面が傾斜していたかは不明）。こうした措置を図ることにより、廻廊の床面はすべて連続的に水平に張ることが可能となり、寝殿造の透渡殿の形態をそのまま踏襲することにもつながる。

（3）社殿に施された減勢的・減災的な工夫

祓殿の前方には平舞台と高舞台があり、両者とも屋根はなく社殿とは見なされていないが、海上社殿を構成する特有な空間として設けられており、千僧供養が催された際に付加された仮廊とされる。平舞台の床面は、仁安造営では木造の束立てで支えられていたが、室町時代末期に毛利元就か輝元の寄進による赤間石の石柱掘立て柱に取替えられた[1)]。この石柱の頭部には貫穴が空けられて木製の貫が通され、その上の柱頭には柄が掘られ桁が載せられた上に根太が配されて床板が簀子張りされている。簀子の隙間は廻廊のものと比べてわずかに狭い幅となっている。

この平舞台の中央部分には一段高い高舞台が据えられているが、屋根はなく舞楽のための舞台とされる。平舞台の構造とは分離されており、花崗岩の石柱の掘立て柱の上に桁が配されて、その上に根太が配されて、その上に隙間の間隔を狭くした床板が張られている。この床面は高潮を被った時、床全体が浮き上がるように基礎部分には固定されておらず、筏構造とも呼ばれ、浮遊することで被災を回避する減災的な対応措置が施されていたとする見方がある。

また、高舞台の背後には祓殿があり、廻廊を挟んで拝殿と幣殿があり、本社本殿がある。この順で厳島神社の中心的な社殿が並ぶ。祓殿は舞楽のための社殿で拝殿は祭典や拝礼が催される社殿である。双方とも床面には幅広の板が敷き詰められている。ただ、これらの床板は根太には固定されておらず、敷き詰められているだけの状態となっている。こうした措置が取られているのは高潮による波の打ち上げが生じた際に波力により敷板が外れることにより、祓殿全体が被る高潮の波力を回避する減災的な対応措置とされている。

厳島神社が、海上社殿であるが故に要される有浦湾の潮汐作用に対する対応措置は、周期的に変動する潮汐作用と共に、春秋の年2回程度発生する大潮への対応が要されてくる。特に大潮については廻廊の床面と同じ程度の高さまで海面の水位が上昇してくるために、廻廊の床面は床上浸水を被ることになるが、祓殿および拝殿の床高は廻廊の床面よりも長押の幅一本分（18cm程）だけ嵩上げされているため、浸水による被害は極めて少ない。また、本殿の床はさらに二本分程の嵩上げが施されているため、浸水被害はほぼないと言える。

こうした海面に接するように配されている廻廊の床面については、仁安造営の際に有浦湾の潮汐作用を長年にわたり計測することで得られた水位差変動の高さや、湾形が閉鎖性湾域のため波のない静穏度の高い海面であることの観察を反映して、廻廊の床面が浸水しない最も低い位置に床高を設定したものと思われる。また、海上に建つ社殿の中で廻廊の床高を海面に最も接近した高さで設定することにより、後に拝殿や祓殿、そして本殿の床高が設定されることで、廻廊、拝殿、祓殿、本殿のそれぞれが社殿としての機能用途に応じた空間的な序列や格式を生み出すことにもつながったと考えることができる。さらに、床高の決定は本殿背後の不明門との取り付き方にも影響することになり、床高が高くなると、本殿の屋根の棟高が高くなり、軒高も高くなり、不明門のある陸地（禁足地）との取り合いにおいて違和感が生まれることになり、空間的な序列に影響を与えることにもなる。こうした神社全体としてのまとまりを考慮して床高は決められたものと考えられる。

廻廊を海面に接近して設けることは、減勢的措置として、海面に最接近した高さで張られた床面が台風や高潮時の波の打ち込みを抑える機能を果たすことになる。そのため、廻廊の配置において東西の廻廊を本社本殿の周りで折り曲げることにより、本社本殿の三面を取り巻く形状を生み出すことで、これにより本殿が直接的に波浪の影響に曝されることをなくす役割・効果を持たせ、減勢効果に配慮した配置が取られていると考えられる。

また、厳島神社が明治期以来、独自に観測計測している潮位記録を基に1989年から2006年までの潮汐作用の観測記録に基づく廻廊の冠水記録を見ると廻廊の床上浸水は、2001年以前は年間平均１回程度の発生回数しか見られなかったが、2001年以降になると発生回数は急激に増加しており、特に年間の冠水発生回数は平均12回を上回り、2006年には年間22回も起きていることが分かる。尚、この廻廊の冠水の原因は国土交通省国土地理院発行の「一等水準点検測成果集（平成30年度観測）」によると宮島口一等水準点が－14.1cm 程度の地盤沈下を示しており、他の調査においても沈下の影響を受けていることが提示されてきている。

（4）社殿の高潮被害の歴史と対策に見る問題点

海上社殿である厳島神社は、その立地条件から長年多数の自然災害を被ってきた。被災が記された文献資料などから、被害の履歴をまとめたものを見ると、海上の社殿は本社本殿を含めてすべてが高潮被害を被ってきており、その主な被害を見ると神社前方に建立されている門客神社両社、左右楽房、高舞台、平舞台が倒壊、流出などが大きな被害を度々被っている。その一方で、こうした社殿の後方に建立されている拝殿や祓殿、本社本殿は倒壊することなく、浸水被害に留まっていることが分かる。

また、仁安造営が記されていた佐伯景弘解の解読によると、造営完了とされる1168年（仁安３年）には高潮により、廻廊は歪み、社殿が浮かび上がるなどの被害に遭い、翌年（仁安４年）修理された。この時の修理で、廻廊や平舞台、高舞台の床面は簀子張りにされ、拝殿や祓殿の床板は固定しない波による打ち込みに対応した減勢的・減災的な措置を施す修理が行われた可能性があるとされる。ただし、廻廊については、度重なる高潮災害や木材の劣化や床柱の腐朽などの修理や修復が度々行われてきているため、床板の簀子張りに見る隙間の間隔が次第に均一性を無くし、不均一な状態になっていることが見て取れる。また、平舞台と高舞台は高潮被災時には、筏構造として浮上することにより、被災を軽減する減勢措置が取られているとする見方もあるが、平舞台の規模から想定すると、浮上して流出すると拝殿など背後にある社殿と接触する恐れがあり、二次被害の発生が懸念されるため、この措置については疑念がある。尚、現在、平舞台は鎹で固定されている。

廻廊が海上に配されていることや、台風時の高潮や波浪への対応措置として、廻廊の床面に隙間を設けて簀子状に張ることは、水位上昇に対して、海水が床面に溢れることを許容することにより、床面に働く浮力を軽減する方策であると共に、さらに波力を抑える消波対策ともされてきた。しかし、浮力軽減策として床板に隙間が設けられたとするならば、その間隔は均一性が乏しく、隙間の幅も狭すぎる嫌いが見られる。

おわりに

本章では、建築構造や基礎工学の大家であった加藤渉（故人）は、大学卒業後に満州（現在の中華人民共和国：中国）に渡りコンクリート船の建造にたずさわることをきっかけとして、将来の建築学のあり方のひとつとして海に進出することにより、海の広大な空間と絶対的な平面空間を有効利用するための新たな「海洋建築工学」の発想に至るきっかけを概説し、世界に先駆けて海上都市の発想を1958年に発表した菊竹清則の海への思いをまとめた。加えて、世界に類をみない海上の木造建築物となる「厳島神社」とその創建者とされる平清盛に注目し、清盛の厳島神社への思いと海に建立された厳島神社の有する木造建築としての創意工夫について海洋工学的視点から解明を行った廻廊について概説した。

参考文献

第1章

1）新建築学大系編集委員会：新建築学大系18集落計画　4漁村集落計画　彰国社出版 pp.197　1982年

2）畔柳昭雄：海の建築，水曜社，2021年

第2章

1）海洋建築用語事典，日本建築学会編，1998

2）沿岸域環境事典，日本沿岸域学会，2004

3）石田崇，国内のウォーターフロント開発地区における地区計画・景観条例に関する調査，国土技術政策総合研究所資料，No.302，2006

4）坪井塑太郎，ウォーターフロント開発の回顧と展望－空間整備から利用・活用，防災・安全機能発揮の時代へ，水資源・環境研究，Vol.30，No.2，2017

5）文部科学省科学技術・学術審議会，長期的展望に立つ海洋開発の基本的構想及び推進方策について，2002

6）角田智彦，我が国における海洋の総合的管理の進展と海洋空間計画（MSP）の展望，海の論考 OPRI Perspectives，第15号，2020

7）秋山昌廣，なぜ今，海洋が注目されるのか－海洋基本法と海洋基本計画の概要，Civil Engineering Consultant，Vol.251，2011

第3章

1）日本財団図書館（電子図書館）：大和海嶺，海のサイエンスと情報（III）－海洋情報シンポジウムから－，日本水路協会

2）米倉伸之，貝塚爽平，野上道男，鎮西清高（編）（2001）：日本の地形１総説，pp.20-25.

3）力武常次（1997）：地学ⅠB，数研出版，p.92，図53を参考に作成

4）山崎晴雄・久保純子（2017）：日本列島100万年史，講談社ブルーバックス，を参考に作成

5）力武常次（1997）：地学ⅠB，数研出版，p.85，図44に加筆して作成

6）米倉伸之，貝塚爽平，野上道男，鎮西清高（編）（2001）：日本の地形１総説，p.50，図3.1.1に加筆して作成

7）海洋研究開発機構の web：世界で最も深いマリアナ海溝・チャレンジャー海淵の海底における，活発な有機物の供給と微生物活性の発見，2013年３月18日付プレスリリース，http://www.jamstec.go.jp/j/about/press_release/20130318/（2021年９月28日参照）

8）海上保安庁水路部：日本の領海等概念図，https://www1.kaiho.mlit.go.jp/JODC/ryokai/ryokai_setsuzoku.html（2021年８月27日参照）

9）国土交通省関東地方整備局荒川上流河川事務所 web：基礎用語集，「A.P.」，https://www.ktr.mlit.go.jp/arajo/arajo00184.html，（2021年９月20日参照）

10）気象庁 web：各種データ・資料，潮位表解説を参考に作成，https://www.data.jma.go.jp/gmd/kaiyou/db/tide/suisan/explanation.html（2021年９月20日参照）
11）ポール・R・ピネ著，東京大学大気海洋研究所監訳（2016）：海洋学，p.249，図7-7を基に作成
12）土木学会（1999），水理公式集（平成11年版），p.501，図5-5.7に加筆して作成
13）経済産業省資源エネルギー庁：https://www.enecho.meti.go.jp/category/others/basic_plan/（2021年11月28日参照）
14）自然エネルギー財団：https://www.renewable-ei.org/activities/column/REupdate/20200713.php（2021年９月28日参照）
15）水産庁（2019）：令和元年度水産白書，特集第１節、図特 -1-1，https://www.jfa.maff.go.jp/j/kikaku/wpaper/R1/index.html（2022年４月20日参照）
16）JOGMEC：https://www.jogmec.go.jp/metal/metal_10_000004.html（2021年８月27日参照）
17）JOGMEC：https://www.jogmec.go.jp/metal/metal_10_000012.html（2021年８月27日参照）
18）JOGMEC：海洋鉱物資源の概要，http://www.jogmec.go.jp/metal/metal_10_000002.html（2021年８月27日参照）より作成
19）日本周辺海域におけるメタンハイドレート起源 BSR 分布図（2009）：メタンハイドレート資源開発研究コンソーシアム，https://www.mh21japan.gr.jp/search.html（2021年８月27日参照）
20）環境省：https://www.env.go.jp/kijun/mizu.html（2021年８月27日参照）
21）海洋汚染等及び海上災害の防止に関する法律：https://elaws.e-gov.go.jp/document?lawid=345AC0000000136（2021年11月28日参照）
22）水質汚濁防止法：https://elaws.e-gov.go.jp/document?lawid=345AC0000000138（2021年８月27日参照）

第４章

１）AndersonJessica.（2022年１月12日）．What Is Thalassophobia and How Can You Cope with It? 参照日：2022年１月14日，参照先：https://www.betterhelp.com/advice/phobias/what-is-thalassophobia-and-how-can-you-cope-with-it/
２）NEDO.（2019年３月30日）．NeoWins（洋上風況マップ）．参照先：https://appwdc1.infoc.nedo.go.jp/Nedo_Webgis/top.html
３）国土交通省港湾局．（2020）．港湾の事業継続計画策定ガイドライン（改訂版）．
４）小野雅司，登内道彦．（2014）．通常観測気象要素を用いた WBGT（湿球黒球温度）の推定．日本生気象学会誌，50（４），147-157.
５）川西利昌，堀田健治．（2017）．海洋建築シリーズ　沿岸域の安全・快適な居住環境．
６）内閣府．（2013）．中央防災会議「東北地方太平洋沖地震を教訓とした地震・津波対策に関する専門調査会」（第３回）議事概要．参照日：2022年１月14日，参照先：http://www.bousai.go.jp/kohou/oshirase/pdf/110624-2kisya.pdf
７）灘岡和夫，徳見敏夫．（1988）．海岸の音環境に関する基礎的研究．第35回海岸工学講演会論文集，757-761.
８）日本建築学会．（2004）．建築物の振動に関する居住性能評価指針・同解説．

9）日本建築学会.（2015）. 海洋建築の計画・設計指針.（日本建築学会, 編）

10）風野裕明, 関口太郎, 阪上精希, 片山能輔, 藤川敬人, 佐藤弘隆.（2010）. 羽田空港Ｄ滑走路のジャケット工法の技術～世界初のジャケット式空港～. 新日鉄エンジニアリング技報, 1, 6-14.

11）野口憲一.（1994）. 平常時の歩行支障に関する実験研究　人間の行動性に基づいた浮遊式海洋建築物の動揺評価に関する研究　その１. 日本建築学会計画系論文集（456）, 273-282.

12）野口憲一.（1996）. 避難時の歩行支障に関する実験研究および動揺評価値の提案　人間の行動性に基づいた浮遊式海洋建築物の動揺評価に関する研究　その２. 日本建築学会計画系論文集（479）, 233-242.

13）野本菊雄.（1992）. 人間の感覚表現. 繊維製品消費科学, 33（５）, 225-230.

第5章

１）気象庁：https://www.jma.go.jp/jma/kishou/know/typhoon/1-1.html（2021年９月１日参照）

２）気象庁：https://www.jma.go.jp/jma/kishou/know/tenki_chuui/tenki_chuui_p2.html（2021年９月１日参照）

３）気象庁：https://www.jma.go.jp/jma/kishou/know/toppuu/tornado1-1.html（2021年９月１日参照）

４）植松康, 風と建築のはなし：https://www.sein21.jp/TechnicalContents/Uematsu/Uematsu0105.aspx（2021年９月１日参照）

５）日本建築学会（2015）：建築物荷重指針・同解説, pp.12-73

６）日本港湾協会（2019）：港湾の施設の技術上の基準・同解説, pp.110-113.

７）気象庁：https://www.jma.go.jp/jma/kishou/know/typhoon/6-1.html（2021年９月１日参照）

８）内閣府防災のページ：http://www.bousai.go.jp/kohou/kouhoubousai/h23/63/special_01.html（2021年９月１日参照）

９）堀田健治・平野正昭（1994）：沿岸域における海塩粒子の発生に関する研究, 日本建築学会構造系論文集, 第455号, pp.207-213.

10）川西利昌・堀田健治（2017）：沿岸域の安全・快適な居住空間, 成山堂書店, p.61, 図4.1.2

11）一般社団法人日本鉄鋼連盟：https://www.jisf.or.jp/business/tech/civil/corrosion/index.html（2021年９月１日参照）

12）（株）ピーエスケー：「土木・建築工事用資材」より写真引用, http://www.ps-k.co.jp/business/pdf/shizai_download_242.pdf（2021年９月１日参照）

13）日本港湾協会（2018）：港湾の技術上の基準・同解説, 第11章材料, ２鋼材, p.466.

14）鋼管杭の防食法に関する研究グループ（2010）：海洋鋼構造物の防食技術, pp.14-16.

15）横田拓也, 他（2020）：海岸砂丘群形成の実測と予測―遠州灘に面した浜松篠原海岸の例―, 土木学会論文集Ｂ３（海洋開発）, Vol.76, No.2, pp. I_240-I_245.

16）宇多高明（2004）：海岸侵食の実態と解決策, 第２章海岸侵食に実態, pp.7-12.

17）小林昭男（2019）：沿岸域工学の基礎, 第９章沿岸の利用と海浜変形, pp.90-95.

18）千葉県（2020）：九十九里浜侵食対策計画資料編, 3. 侵食対策の目標と計画, pp.24-25.

19）農林水産省, 国土交通省（2014）：海岸保全施設維持管理マニュアル, p.16, 図－2.2

20）千葉県（2020）：九十九里浜侵食対策計画.

第６章

1）磯瞬也：海洋空間の利用構想と技術開発の動向，日本海水学会誌　39巻４号，pp.265-277，1985年
2）平井信夫，藤井利侑，多田彰秀，福本正：海洋空間利用構想における現状と今後の展開に関する研究，西松建設技報 VOL.16，1993年
3）建築文化，vol.14 No.2，1959年
4）菊竹清訓：海上都市の話，NHK ブックスジュニア，1975年
5）財団法人　沿岸開発技術研究センター：センチュリーアイランドシステムー沖合人工島に関する調査研究報告書－　1985年

第７章

1）畔柳昭雄，佐々木隆三：平面形から捉えた海洋建築物の形態構成に関する研究－海洋建築物の建築計画に関する研究その１－，日本建築学会計画系論文集　第546号 pp.315-320，2001年

第８章

1）海洋建築研究会：海洋空間を拓く－メガフロートから海上都市へ－，成山堂出版，2017.3
2）畔柳昭雄，増田光一，小林昭男，居駒知樹，惠藤浩朗，菅原遼：浮体式構造物を活用した水面空間利用の動向－海洋空間の有効利用のための超大型浮体式構造物に関する調査研究　その１－，第25回海洋工学シンポジウム OES-25-133，2015.8
3）菅原遼，畔柳昭雄：海洋空間の有効利用のための海洋建築物の機能と活用のあり方に関する調査研究，第26回海洋工学シンポジウム OES26-002，2017.3
4）菅原遼，畔柳昭雄：気候変動への適応を意図した浮体式建築物の計画的背景と建設動向，第29回海洋工学シンポジウム OES29-A0082，2022.3
5）日経 BP：気候変動への「適応」水上建築－海面水位の上昇に備える現実を増す海上都市構想－，日経アーキテクチュア，pp.56-59，2022.1
6）宮川駿也，畔柳昭雄，菅原遼：海洋建築物の経年的な適応と海域利用に関する調査研究，日本建築学会計画系論文集 第82巻 第741号，pp.3041-3049，2017.11
7）羽原又吉：漂海民，岩波新書，pp.1-16，1963.11
8）菅原遼，畔柳昭雄：オレゴン州ポートランド市における水上住居の建設過程と立地特性に関する調査研究，第28回海洋工学シンポジウム OES28-041，2020.3
9）菅原遼：水上生活の可能性，建築ジャーナル No.1302，pp26-29，2020.4

第９章

1）国土交通省国土地理院：過去の災害関連情報一覧，令和２年７月豪雨に関する情報，久留米地区，写真番号3154（７月８日13時48分），https://www.gsi.go.jp/kohokocho/kakosai202001.html#taihu 1（2021年９月７日参照）
2）牧野史昌・横内憲久・岡田智秀・田島洋輔・谷口博城（2009）：観光戦略としてのまちづくりからみた海中展望塔のあり方に関する研究，平成21（2009）年度日本大学理工学部学術講演会予稿集，pp.

715-716.

3）㈳日本海洋開発建設協会海洋工事技術委員会（1997）：我が国の海洋土木技術，pp.92-94

4）東京都オリンピック・パラリンピック調整部：https://www.2020games.metro.tokyo.lg.jp/taikaijyunbi/taikai/kaijyou/kaijyou_18/index.html（2022年４月27日参照）

5）東京都オリンピック・パラリンピック調整部：https://www.2020games.metro.tokyo.lg.jp/taikaijyunbi/taikai/kaijyou/kaijyou_07/index.html（2022年４月27日参照）

6）益田喜雄（1981）：波力発電－海明の成果，日本海水学会誌　第34巻，第６号，pp.349-358.

7）鷲尾幸久（1999）：波力発電－「海明」から「マイティーホエール」へ－，日本博陽機関学会誌，第34巻第11号，pp.731-740.

8）清水建設 web ページ 環境アイランド GREEN FLOAT，https://www.shimz.co.jp/topics/dream/content03/dream01.html（2021年９月７日参照）

第10章

1）Frequency and period of ocean waves.（Reproduced from Holthuijsen, . © Cambridge University Press, 2007.）

2）https://ja.m.wikipedia.org/wiki/%E３%83%95%E３%82%A１%E３%82%A４%E３%83%AB:Pressure_distribution_on_an_immersed_cube.png

3）一般財団法人日本建築学会，海洋建築の計画・設計指針，2015年２月10日，pp.75.

4）https://spc.jst.go.jp/news/150403/topic_２_02.html

5）https://www.fra.affrc.go.jp/vessel/taka/index2.html

6）https://www.itmedia.co.jp/smartjapan/articles/1503/18/news026.html

7）

第11章

1）（社）全国漁港漁場協会.（日付不明）. 漁港・漁場の施設の設計の手引. 著：水産庁監修.（社）全国漁港漁場協会.

2）AndersonJessica.（2022年１月12日）. What Is Thalassophobia and How Can You Cope with It?　参照日：2022年１月14日，参照先：https://www.betterhelp.com/advice/phobias/what-is-thalassophobia-and-how-can-you-cope-with-it/

3）NEDO.（2019年３月30日）. NeoWins（洋上風況マップ）. 参照先：https://appwdc1.infoc.nedo.go.jp/Nedo_Webgis/top.html

4）運上茂樹.（2001）. 3-2. 耐震設計 「土木と建築に違いはあるか」. 土木学会論文集，86, 23-26.

5）原子力委員会.（日付不明）. 発電用軽水型原子炉施設に関する安全設計審査指針.

6）国土交通省港湾局.（2020）. 港湾の事業継続計画策定ガイドライン（改訂版）.

7）国土交通省港湾局監修.（2018）. 港湾の施設の技術上の基準・同解説. 著：日本港湾協会，港湾の施設の技術上の基準・同解説. 日本港湾協会.

8）佐藤郁，牛上敬，宇都宮智昭，水上大樹，高清彦.（2012）. ハイブリッドスパー構造による浮体式洋上風力発電施設の開発. 土木学会第67回年次学術講演会，805-806.

9）清水建設.（2022年 3 月14日）. パーシャルフロート（浮体免震）. 参照先：清水建設：https://www.shimz.co.jp/solution/tech024/index.html

第12章

1）畔柳昭雄、佐々木隆三：平面形から捉えた海洋建築物の形態構成に関する研究－海洋建築物の建築計画に関する研究その１－，日本建築学会計画系論文集　第546号 pp.315-320，2001年

2）海洋建築研究会編：海洋空間を拓くメガフロートから海上都市へ，成山堂書店，2017年

第13章

1）近江栄・宇野英隆編：建築への誘い　朝倉書店　1982.12

2）加藤渉先生古稀記念出版会：渉　日本大学理工学部　加藤研究室　1985.8

3）建築文化 NO148 大高正人：東京湾上都市の提案　彰国社　1959.2

4）藤森照信・丹下健三：丹下健三　新建築社　2002.9

5）東京計画1960　その構造改革の提案　丹下健三研究室　1961.3

6）新建築 8　特集アーバンデザインの系譜　新建築社　1971.8

7）菊竹清訓：菊竹清訓 構想と計画　美術出版社　1978.12

8）国際建築協会 : 特集 海上都市の形態　国際建築第26巻 2 号　1959.2

索　引

【さ行】

海洋建築研究会メンバー略歴（掲載は50音順）

相田　康洋　あいだ　やすひろ

生年月日　1985年6月29日

最終学歴　2015年3月　日本大学理工学研究科博士後期課程修了

学位・専門分野　博士（工学）、沿岸防災、数値流体力学、粒子法

職歴　2015年4月～2018年3月　港湾空港技術研究所　波浪研究グループ研究官

2018年4月～現在　日本大学理工学部　海洋建築工学科　助教

受賞歴・表彰歴　第23回日本建築学会優秀修士論文賞（2012）、平成24年度日本沿岸域学会研究討論会優秀講演賞

居駒　知樹　いこま　ともき

生年月日　1969年5月6日

最終学歴　1997年3月　日本大学大学院理工学研究科博士後期課程修了

学位・専門分野　博士（工学）、海洋工学、浮体工学、波力発電、潮流発電

職歴・研究歴　2001年4月～2014年3月　東京大学生産技術研究所　協力研究員

2011年4月～2015年3月　日本大学理工学部　准教授

2012年9月～2013年9月　The University of Strathclyde, UK　留学

2015年4月～現在　日本大学理工学部　海洋建築工学科　教授

2014年4月～現在　東京大学生産技術研究所　研究員

受賞歴・表彰歴　日本沿岸域学会出版文化賞（2001）、PACON SERVICE AWARD（2014）

惠藤　浩朗　えとう　ひろあき

生年月日　1974年12月15日

最終学歴　2002年3月　日本大学大学院理工学研究科博士後期課程修了

学位・専門分野　博士（工学）、海洋建築物の構造計画・構造設計、応用力学

職歴・研究歴　2007年4月～2015年3月　日本大学理工学部　助教

2015年4月～現在　同　海洋建築工学科　准教授

受賞歴・表彰歴　JAMSTEC 中西賞（2021）、日本沿岸域学会論文賞（2018、2020）、日本沿岸域学会出版文化賞（2008、2012）、日本大学理工学部海洋建築工学科加藤賞（1999）

畔柳　昭雄　くろやなぎ　あきお

生年月日　1952年9月18日生

最終学歴　1981年3月　日本大学大学院理工学研究科博士後期課程建築学専攻修了

学位・専門分野　工学博士・建築計画・親水工学

職歴・研究歴　2001年4月　日本大学理工学部海洋建築工学科 教授

2017年4月　同　特任教授

2018年10月　中国青島理工大学建築都市計画学院　客員教授

2022年4月　日本大学理工学部　非常勤講師

受賞歴・表彰歴　イタリア・アルミ技術国際賞（2006）、通商産業省 グッドデザイン賞（2006）、日本建築学会賞（論文）（2007）、日本建築学会教育（貢献）賞（2012）、文部科学省　文部科学大臣表彰科学技術賞（2019）

小林　昭男　こばやし　あきお

生年月日　1955年9月29日

最終学歴　1985年3月　日本大学大学院理工学研究科博士後期課程修了

学　　位　工学博士、海洋建築工学、海岸環境工学

略　　歴　1985年4月～1999年3月　大成建設株式会社勤務

1999年4月～2003年3月　日本大学理工学部　専任講師

2003年4月～2006年3月　同　助教授

2006年4月～2021年3月　同　教授

2021年4月～現在　同　特任教授

受賞歴・表彰歴　日本沿岸域学会論文賞（2005、2013）、日本沿岸域学会出版・文化賞（2008）、日本海洋工学会 JAMSTEC 中西賞（2013）

菅原　遼　すがはら　りょう

生年月日　1987年11月28日

最終学歴　2012年３月　日本大学大学院理工学研究科海洋建築工学専攻修了

学　　位　博士（工学）、親水工学、建築計画、地域計画

略　　歴　2012年４月～2015年３月　株式会社長谷工コーポレーション勤務

2015年４月～2017年３月　日本大学理工学部海洋建築工学科　助手

2017年４月～現在　　同　助教

受賞歴・表彰歴　環境情報科学センター学術論文奨励賞（2016）、日本沿岸域学会論文奨励賞（2016）、日本沿岸域学会論文賞（2021）

増田　光一　ますだ　こういち

生年月日　1951年２月13日

最終学歴　1978年３月　日本大学大学院理工学研究科博士課程修了

学位・専門分野　工学博士、海洋建築工学、水波・浮体工学、港湾津波防災工学

職歴・研究歴　1988年４月～1993年３月　日本大学理工学部　助教授

1993年４月　同　海洋建築工学科　教授

2016年４月～2020年３月　同　特任教授

2021年４月～現在　同　非常勤講師、同研究所　上席研究員

2021年11月～現在　日本大学名誉教授

1982年４月～現在　東京大学生産技術研究所　協力研究員

受賞歴・表彰歴　PACON SERVICE AWARD（2004）、日本沿岸域学会出版文化賞（2001）日本大学理工学部学術賞（1987）、OMAE Conference Appreciation Award（2019）、日本沿岸域学会論文賞（2018）

海洋建築シリーズ
海洋建築序説

2022年7月28日　初版発行

編著者　海洋建築研究会
発行者　小川 典子
印　刷　亜細亜印刷株式会社
製　本　東京美術紙工協業組合

定価はカバーに
表示してあります。

発行所　株式会社 成山堂書店

〒160-0012　東京都新宿区南元町4番51　成山堂ビル
TEL：03(3357)5861　FAX：03(3357)5867
URL　https://www.seizando.co.jp
落丁・乱丁本はお取り換えいたしますので，小社営業チーム宛にお送りください。

ISBN978-4-425-56141-4

※辞　典・外国語※

辞　典

英和海事大辞典(新装版)	逆井編	16,000円
和英 英和 船舶用語辞典	東京商船大辞典編集委員会編	5,000円
英和海洋航海用語辞典(2訂増補版)	四之宮編	3,600円
英和 和英 機関用語辞典	升田編	3,200円
新訂 図解 船舶・荷役の基礎用語	宮本編著 新日検改訂	4,300円
海に由来する英語事典	飯島・丹羽共訳	6,400円
船舶安全法関係用語事典(第2版)	上村編著	7,800円
最新ダイビング用語事典	日本水中科学協会編	5,400円

外国語

新版 英和対訳 IMO標準海事通信用語集	海事局監修	4,600円
英文 和文 新しい航海日誌の書き方	四之宮著	1,800円
発音カナ付 英文・和文 新しい機関日誌の書き方(新訂版)	斎竹著	1,600円
実用英文機関日誌記載要領	岸本 大橋 共著	2,000円
船員実務英会話	日本郵船海務部編	1,600円
復刻版海の英語 ―イギリス海事用語根源―	佐波著	8,000円
海の物語(改訂増補版)	商船高専英語研究会編	1,600円
機関英語のベスト解釈	西野著	1,800円
海の英語に強くなる本 ―海技試験を徹底攻略―	桑田著	1,600円

※法令集・法令解説※

法　令

海事法令シリーズ①海運六法	海事局監修	18,000円
海事法令シリーズ②船舶六法	海事局監修	45,000円
海事法令シリーズ③船員六法	海事局監修	35,000円
海事法令シリーズ④海上保安六法	保安庁監修	20,000円
海事法令シリーズ⑤港湾六法	港湾局監修	17,000円
海技試験六法	海技・振興課監修	5,000円
実用海事六法	国土交通省監修	35,000円
安全法シリーズ①最新船舶安全法及び関係法令	安全基準課監修	9,800円
最新小型 船舶 漁船 安全関係法令	安基課・測度課監修	6,400円
加除式危険物船舶運送及び貯蔵規則並びに関係告示(加除済み台本)	海事局監修	27,000円
最新船員法及び関係法令	船員政策課監修	5,800円
最新船舶職員及び小型船舶操縦者法関係法令	海技・振興課監修	6,200円
最新海上交通三法及び関係法令	保安庁監修	4,600円
最新海洋汚染等及び海上災害の防止に関する法律及び関係法令	総合政策局監修	9,800円
最新水先法及び関係法令	海事局監修	3,600円
船舶からの大気汚染防止関係法令及び関係条約	安全基準課監修	4,600円
最新港湾運送事業法及び関係法令	港湾経済課監修	4,500円
英和対訳 2021年STCW条約〔正訳〕	海事局監修	28,000円
英和対訳 国連海洋法条約〔正訳〕	外務省海洋課監修	8,000円
英和対訳 2006年ILO海上労働条約〔正訳〕2021年改訂版	海事局監修	7,000円
船舶油濁損害賠償保障関係法令・条約集	日本海事センター編	6,600円

法令解説

シップリサイクル条約の解説と実務	大坪他著	4,800円
海事法規の解説	神戸大学編著	5,400円
海上交通三法の解説(改訂版)	巻幡 有山 共著	4,400円
四・五・六級海事法規読本(2訂版)	及川著	3,300円
ISMコードの解説と検査の実際 ―国際安全管理規則がよくわかる本―(3訂版)	検査測度課監修	7,600円
運輸安全マネジメント制度の解説	木下著	4,000円
船舶検査受検マニュアル(増補改訂版)	海事局監修	8,000円
船舶安全法の解説(5訂版)	有馬　編	5,400円
国際船舶・港湾保安法及び関係法令	政策審議官監修	4,000円
図解　海上交通安全法(10訂版)	藤本著	3,200円
海上交通安全法100問100答(2訂版)	保安庁監修	3,400円
図解　港則法(3訂版)	國枝・竹本著	3,200円
図解　海上衝突予防法(11訂版)	藤本著	3,200円
海上衝突予防法100問100答(2訂版)	保安庁監修	2,400円
逐条解説　海上衝突予防法	河口著	9,000円
港則法100問100答(3訂版)	保安庁監修	2,200円
海洋法と船舶の通航(改訂版)	日本海事センター編	2,600円
船舶衝突の裁決例と解説	小川著	6,400円
内航船員用海洋汚染・海上災害防止の手びき ―未来に残そう美しい海―	日海防編	3,000円
海難審判裁決評釈集	21海事総合事務所編著	4,600円
1972年国際海上衝突予防規則の解説(第7版)	松井・赤地・久古共訳	6,000円
新編　漁業法詳解(増補5訂版)	金田著	9,900円
概説　改正漁業法	小松監修 有薗著	3,400円

❈海運・港湾・流通❈

✣海運実務✣

書名	著者	定価
新訂 外航海運概論	森編著	3,800円
内航海運概論	畑本・古莊共著	3,000円
設問式 定期傭船契約の解説（新訂版）	松井著	5,400円
傭船契約の実務的解説（２訂版）	谷本・宮脇共著	6,600円
設問式 船荷証券の実務的解説	松井・黒澤編著	4,500円
設問式 シップファイナンス入門	秋葉編著	2,800円
設問式 船舶衝突の実務的解説	田川監修・藤沢著	2,600円
海損精算人が解説する共同海損実務ガイダンス	重松監修	3,600円
LNG船がわかる本（新訂版）	糸山著	4,400円
LNG船運航のABC（２訂版）	日本郵船LNG船運航研究会 著	3,800円
LNG船・荷役用語集（改訂版）	ダイアモンド・ガス・オペレーション㈱編著	6,200円
内航タンカー安全指針〔加除式〕	内タン組合編	12,000円
コンテナ物流の理論と実際―日本のコンテナ輸送の史的展開―	石原合田共著	3,400円
載貨と海上輸送（改訂版）	運航技術研編	4,400円
海上貨物輸送論	久保著	2,800円
危険物運送のABC	山口・新日本検定協会・三井住友海上火災保険共著	3,500円
国際物流のクレーム実務―NVOCCはいかに対処するか―	佐藤著	6,400円
船会社の経営破綻と実務対応	佐藤雨宮共著	3,800円
海事仲裁がわかる本	谷本著	2,800円
船舶売買契約書の解説（改訂版）	吉丸著	8,400円

✣海難・防災✣

書名	著者	定価
新訂 船舶安全学概論（改訂版）	船舶安全学研究会著	2,800円
海の安全管理学	井上著	2,400円

✣海上保険✣

書名	著者	定価
漁船保険の解説	三宅・浅田 菅原 共著	3,000円
海上リスクマネジメント（２訂版）	藤沢・横山 小林 共著	5,600円
貨物海上保険・貨物賠償クレームのQ&A（改訂版）	小路丸著	2,600円
貿易と保険実務マニュアル	石原・土屋 水落・吉永共著	3,800円

✣液体貨物✣

書名	著者	定価
液体貨物ハンドブック（２訂版）	日本海事検定協会監修	4,000円

■油濁防止規程　内航総連合編		■有害液体汚染・海洋汚染防止規程　内航総連合編	
150トン以上200トン未満タンカー用	1,000円	有害液体汚染防止規程（150トン以上200トン未満）	1,200円
200トン以上タンカー用	1,000円	〃　（200トン以上）	2,000円
400トン以上ノンタンカー用	1,600円	海洋汚染防止規程（400トン以上）	3,000円

✣港　湾✣

書名	著者	定価
港湾倉庫マネジメント―戦略的思考と黒字化のポイント―	春山著	3,800円
港湾知識のABC（12訂版）	池田著	3,400円
港運実務の解説（６訂版）	田村著	3,800円
新訂 港運がわかる本	天田・恩田共著	3,800円
港湾荷役のQ&A（改訂増補版）	港湾荷役機械システム協会編	4,400円
港湾政策の新たなパラダイム	篠原著	2,700円
コンテナ港湾の運営と競争	川崎・寺田 手塚 編著	3,400円
日本のコンテナ港湾政策	津守著	3,600円
クルーズポート読本	みなと総研監修	2,600円

✣物流・流通✣

書名	著者	定価
国際物流の理論と実務（６訂版）	鈴木著	2,600円
すぐ使える実戦物流コスト計算	河西著	2,000円
高崎商科大学叢書 新流通・経営概論	高崎商科大学 編	2,000円
新流通・マーケティング入門	金他共著	2,800円
激動する日本経済と物流	ジェイアール貨物リサーチセンター著	2,000円
ビジュアルでわかる国際物流（２訂版）	汪　著	2,800円
グローバル・ロジスティクス・ネットワーク	柴崎編	2,800円
増補改訂 貿易物流実務マニュアル	石原著	8,800円
輸出入通関実務マニュアル	石原松岡共著	3,300円
新・中国税関実務マニュアル	岩見著	3,500円
ヒューマン・ファクター―航空の分野を中心として―	黒田監修 石川監訳	4,800円
ヒューマン・ファクター―安全な社会づくりをめざして―	日本ヒューマンファクター研究所編	2,500円
航空の経営とマーケティング	スティーブン・ショー/山内・田村著	2,800円
シニア社会の交通政策―高齢化時代のモビリティを考える―	高田著	2,600円
安全運転は「気づき」から	春日著	1,400円
交通インフラ・ファイナンス	加藤手塚共著	3,200円

❖造船・造機❖

書名	著者	定価
基本造船学（船体編）	上野著	3,000円
英和版新 船体構造イラスト集	惠美著・作画	6,000円
海洋底掘削の基礎と応用	日本船舶海洋工学会編	2,800円
流体力学と流体抵抗の理論	鈴木著	4,400円
水波問題の解法	鈴木著	4,800円
海洋構造力学の基礎	吉田著	6,600円
SFアニメで学ぶ船と海	鈴木・逢沢著	2,400円
船舶海洋工学シリーズ①～⑫	日本船舶海洋工学会 監修	3,600～4,800円
船舶で躍進する新高張力鋼	北田・福井著	4,600円
船舶の転覆と復原性	慎著	4,000円
LNG・LH2のタンクシステム	古林著	6,800円
LNGの計量	春田著	8,000円

❖海洋工学・ロボット・プログラム言語❖

書名	著者	定価
海洋計測工学概論（改訂版）	田口・田畑共著	4,400円
海洋音響の基礎と応用	海洋音響学会 編	5,200円
海と海洋建築 21世紀はどこに住むのか	前田・近藤・増田 共著	4,600円
ロボット工学概論（改訂版）	中川・伊藤共著	2,400円
海の自然と災害	宇野木著	5,000円
水波工学の基礎（改訂増補版）	増田・居駒・惠藤 共著	3,500円
沿岸域の安全・快適な居住環境	川西・堀田共著	2,500円
海洋空間を拓く―メガフロートから海上都市へ―	海洋建築研究会 編著	1,700円

❖史資料・海事一般❖

✣史資料✣

書名	著者	定価
海なお深く（上）（下）	全国船員組合編	2,700円 2,700円
日本漁具・漁法図説（4訂版）	金田著	20,000円
海上衝突予防法史概説	岸本編著	20,370円
日本の船員と海運のあゆみ	藤丸著	3,000円

✣海事一般✣

書名	著者	定価
海洋白書 日本の動き 世界の動き	海洋政策研究所 編著	2,000円
海上保安ダイアリー	海上保安ダイアリー編集委員会 編	1,000円
船舶知識のABC（10訂版）	池田著	3,000円
海と船のいろいろ（3訂版）	商船三井広報室 営業調査室共編	1,800円
海洋気象講座（12訂版）	福地著	4,800円
基礎からわかる海洋気象	堀著	2,400円
海洋環境アセスメント（改訂版）	関根著	2,000円
逆流する津波	今村著	2,000円
新訂 ビジュアルでわかる船と海運のはなし（増補改訂版）	拓海著	3,000円
改訂増補南極読本	南極OB会編	3,000円
北極読本	南極OB会編	3,000円
南極観測船「宗谷」航海記	南極OB会編	2,500円
南極観測60年 南極大陸大紀行	南極OB会編	2,400円
人魚たちのいた時代―失われゆく海女文化―	大崎著	1,800円
海の訓練ワークブック	日本海洋少年団連盟 監修	1,600円
スキンダイビング・セーフティ（2訂版）	岡本・千足・藤本・須賀共著	1,800円
ドクター山見のダイビング医学	山見著	4,000円
原子力砕氷船レーニン	ウラジーミル・ブリノフ著	3,700円
島の博物事典	加藤著	5,000円
世界に一つだけの深海水族館	石垣監修	2,000円
潮干狩りの疑問77	原田著	1,600円
海水の疑問50	日本海水学会編	1,600円
クジラ・イルカの疑問50	加藤・中村編著	1,600円
魚の疑問50	高橋編	1,800円
海上保安庁 特殊救難隊	「海上保安庁特殊救難隊」編集委員会 編	2,000円
海洋の環	海洋政策研究所訳	2,600円
どうして海のしごとは大事なの?	「海のしごと」編集委員会 編	2,000円
タグボートのしごと	日本港湾タグ事業協会監修	2,000円
サンゴ	山城著	2,200円
サンゴの白化	中村・山城編著	2,300円
The Shell	遠藤貝類博物館著	2,700円
美しき貝の博物図鑑	池田著	3,200円
タカラガイ・ブック（改訂版）	池田・淤見共著	3,200円
東大教授が考えた おいしい!海藻レシピ73	小柳津・高木共著	1,350円
魅惑の貝がらアート セーラーズバレンタイン	飯室著	2,200円
IWC脱退と国際交渉	森下著	3,800円
水産エコラベル ガイドブック	大日本水産会編	2,400円
水族育成学入門	間野・鈴木共著	3,800円